山地管道智能化运行建设关键技术

——以中缅原油管道为例

梁　俊　李　旺　陈小华　谢建宇 等编著

石油工业出版社

内 容 提 要

本书结合中缅原油管道智能化建设实践，介绍了山地管道的智能化建设架构、智能化建设分步实施方法、数据感知、运行管控、安全管控、完整性管理等，为读者全面把握山地管道智能化建设架构和功能提供指导。同时，介绍了山地管道智能化建设所涉及的天地一体化监测、大数据挖掘、数字孪生体等常见信息技术。

本书可供从事管道建设施工、生产运行、维护维修、应急管理等业务的工程技术人员、科研人员，以及高等院校相关专业的教师、学生参考。

图书在版编目（CIP）数据

山地管道智能化运行建设关键技术：以中缅原油管道为例 / 梁俊等编著. —北京：石油工业出版社，2022.5
ISBN 978-7-5183-5340-8

Ⅰ.①山… Ⅱ.①梁… Ⅲ.①山地-原油管道-运行-研究 Ⅳ.①TE973

中国版本图书馆CIP数据核字（2022）第067877号

出版发行：石油工业出版社
　　　　　（北京安定门外安华里 2 区 1 号楼　100011）
　　　网　　　址：www.petropub.com
　　　编 辑 部：（010）64523687　图书营销中心：（010）64523633
经　　销：全国新华书店
印　　刷：北京中石油彩色印刷有限责任公司

2022 年 5 月第 1 版　　2022 年 5 月第 1 次印刷
787×1092 毫米　开本：1/16　印张：10.5
字数：136 千字

定　价：55.00 元

《山地管道智能化运行建设关键技术
——以中缅原油管道为例》
编 写 组

组　　长：梁　俊

副 组 长：李　旺　　陈小华　　谢建宇

成　　员：张志坚　　李长俊　　马剑林　　贾文龙

　　　　　朱建平　　邹　宇　　王铁生　　吴　瑕

　　　　　刘玉展　　张海磊　　陈　超　　赵　超

　　　　　武　锴　　李　振　　王　靖　　唐　林

　　　　　周永红

前　言

  大数据、物联网、云计算、人工智能等智能技术的发展及应用推动油气管道行业由传统管理模式逐步向数字化、智能化发展。中国也提出了以数据全面统一、感知交互可视、系统融合互联、供应精准匹配、运行智能高效、预测预警可控特征的智能管网系统，旨在通过建设智能管网系统，实现管网的可视化、网络化、智能化管理。智慧管网的内涵和外延极其广泛，覆盖了管网系统全生命周期各阶段的各种业务需求。目前，国内学者正就智慧管网内的总体架构、内涵和实施方式进行深入和热烈的探讨，以期进一步明确智慧管网的建设目标和实施方式，实现管网系统更高水平本质安全和经济高效的目标。

  中国西南地区地质、地貌和水文条件复杂，滑坡、崩塌、泥石流等地质灾害十分活跃。中缅原油管道是典型的山地管道，管道内复杂工艺参数波动、复杂管道本体结构及多变的周边环境，使得管道安全管控、运行管控难度大，智能化建设需求迫切。结合当前智慧管网系统的发展形势，选取中缅原油管道试点开展管道智能化运行方案研究，这不仅是国家管网西南管道公司全局推进、重点突破智慧管网系统建设关键技术的要求，也是保障管道安全、高效运行的迫切需求。

  以山地管道运行期的数据全面感知、数据互联互通、数据标准统一、人机混合决策、闭环智能控制为建设目标，在调研总结国外先进管道公司智能管道建设架构的基础上，提出山地管道智能化运行的内涵，构建了包含纵向 5 层体系、横向 3 大系统（辅助决策系统）的山地管道智能化运行架构。提出了山地管道智能化运行建设五步法，指导山地管道智能化运行建设。辅助决策系统是支撑管道智能化运行的中枢，故提出由运行管控、安全管控、全生命周期完整性管理3个方面构成的辅助决策系统建设方案，分析建设难点，探讨统筹规划、分步实施的技术路线，可促进高水平实现管道运行管控实时自主优化、安全预测预警可控、全生命周期完整性管理高度智能等功能。

本书对管道智能化运行的内涵和外延进行了探讨，提出了山地管道智能化运行建设的总体架构、内涵和实施方式，为今后山地管道实现更高水平本质安全和经济高效运行提供借鉴。

目　录

1　管道智能化运行建设概述

2016 年 2 月，国家发改委、能源局及工信部联合下发《关于推进"互联网 +"智慧能源发展的指导意见》（发改能源〔2016〕392 号）。指导意见提出石油天然气行业作为国家经济命脉，应积极推进与"中国制造2025""互联网 +"国家战略的融合创新，探索智能化发展道路。

2017 年 5 月，国家发改委、国家能源局联合下发了《中长期油气管网规划》（发改基础〔2017〕965 号）。规划中明确指出，要建立智慧能源管网，提升科技支撑能力，加强"互联网 +"、大数据、云计算等先进技术与油气管网的创新融合，加强油气管网与信息基础设施建设的配合衔接，促进"源—网—荷—储"协调发展、集成互补，完善信息共享平台，推动互联互通、统筹调度。

2018 年中国石油管道有限责任公司提出了智能化管道的概念为运用工业互联网、大数据和人工智能等技术手段，通过智能感知、大数据分析和人机混合智能决策，实现油气管网全生命周期更高水平安全、高效目标。同时，明确了智能管道具有的 5 项能力：（1）运营管理模式，区域化、专业化控制，现场无人值守；（2）数据挖掘，挖掘数据价值，总结历史规律；（3）自动化技术，运行智能调控的自动化 / 信息化；（4）支持与决策，综合运用仿真模拟、运行优化技术，实现调控运行智能决策与管道状态最优；（5）维护与应急，维护与应急监测、诊断、处理智能化。并在随后完成了智慧管网顶层设计方案，提出智慧管网的建设目标是通过推进管道数据由零散分布向统一共享、风险管控模式由被动向主动、运行管理由人为主导向系统智能、资源调配由局部优化向整体优化、管道信息系统由孤立分散向融合互联的"五大转变"，实现油气管网"全方位感知、综合性预判、自适应优化、一体化管控"，最终建成具有精确感知和自主优化能力的油气管网，完成数字管道向智能管道和智慧管网演进。

智慧管网的内涵和外延极其广泛，覆盖了管网系统全生命周期各阶段的各种业务需求。国内学者正就智慧管网内的总体架构、内涵和实施方式进行深入和热烈的探讨，以期进一步明确智慧管网的建设目标和实施方式，实现管网系统更高水平本质安全和经济高效的目标。

1.1 国外管道智能化建设实例

1.1.1 意大利 SNAM 公司智能化管道架构

SNAM 公司目前已有 77 年的历史，主营业务包括天然气集输、存储和再气化。SNAM 公司是欧洲最大的天然气存储特许经营服务商，在意大利拥有并运营着超过 $3.33 \times 10^4 km$ 的天然气管道网络和 9 个储气库、$167 \times 10^8 m^3$ 天然气存储能力，其子公司运营约 $4 \times 10^4 km$ 管道，横跨意大利延伸至俄罗斯、北欧及北非地区，共拥有 $200 \times 10^8 m^3$ 的存储能力。2001 年 SNAM 公司建立了意大利第一座液化天然气终端工厂，拥有 $35 \times 10^8 m^3/a$ 的再气化能力。

SNAM 公司拥有 3 套先进的智能决策优化系统，分别为 SIMONE 管道仿真系统、E-vpms™ 远程监测系统、员工任务智能分配系统，同时，调控中心部署有先进的工控系统，特点如下：调控中心，优化调整管道状态、保持供销平衡；SIMONE 仿真系统，全方位模拟再现管道运行状态；E-vpms™ 远程监测系统，全方位监测管道运行状态；员工任务智能分配系统，远程智能分配并发送作业信息。管道智能化架构如图 1.1 所示。

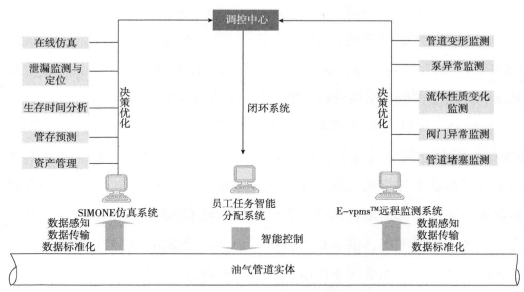

图 1.1　意大利 SNAM 公司智能化管道架构

管道数据经过采集、传输及标准化存储后，进入 SIMONE 仿真系统、E-vpms™ 远程监测系统进行管道状态的决策优化，并上报至调控中心。调控中心通过员工任务智能分配系统，将作业任务自动发送至现场作业人员的移动设备终端，作业人员根据任务分配操作管道设备，优化管道运行状态，实现闭环控制与管理。下面分别介绍 SNAM 公司各个智能系统功能。

（1）调控中心。

调控中心位于米兰附近，包括服务器、电缆、卫星路由器和通信设备等一系列技术组合，来运行和控制调运系统，确保天然气运输的安全、可靠和高效。调控中心配备有两个独立的数据处理中心，两个中心同时处理数据，互为补充，能够通过统计与测算对天然气需求供应进行平衡。SNAM 公司在 2012 年开始对 SCADA 系统及相关设备进行升级，希望将不同时期建立、功能分散的系统集中到一个完整的 SCADA 系统中。SCADA 系统覆盖天然气运输过程中的各个重要位置，为调控系统提供实时数据。系统每分钟处理超过 25000 个数据，来自 80000 个监控点和 130000 个通信点。

（2）SIMONE 仿真系统。

SIMONE 是欧洲领先的管道模拟软件，由 Liwacom 公司与 SIMONE Research Group 共同推出，该软件能够帮助进行管道系统设计、软件计划制动、天然气调运、市场分析、能源核算和员工培训。

SIMONE 提供三种仿真引擎，用于对稳态、动态及状态重建的仿真。SIMONE 在线仿真系统挖掘实时测量数据，提供和呈现完整的、接近真实的系统当前状态和近期状态情况。在线仿真系统由在线环境和各种仿真模型组成。稳态仿真引擎：假设所有的流体参数不随时间变化而变化，从而建立一个平衡的系统，供应量与输送量相当。动态仿真引擎：模拟随时间变化的流体系统，系统因不同事件而发生参数变化，如供应量和输送量变化、设定值改变、阀门位置改变、突发事件（压缩机启动 / 关闭，管道破裂）。状态重建引擎：由测量数据驱动的动态模拟引擎，通过利用冗余信息（如压力测量值）与标定值之间的差值统计来估计可能的系统状态。

（3）E-vpms™ 远程监测系统。

2009 年起，SNAM 公司开始研究并设计声学振动系统，远程实时监控管道，取名为 E-vpms™。该系统利用对声波负压参数收集和统计分析，能够识别管道中泄漏、异常、清管操作等事件。E-vpms™ 系统的声学检测是基于对离散声学振动的准确感应，管道周边或者管道内部产生的声学信号都会以声波的形式进行传导，而分布在管道上的声学感应器可以对这些信号进行搜集和处理。

SNAM 公司应用 E-vpms™ 声学监测系统对其在意大利墨西拿海峡（Messina channel）的两条近海海底天然气运输管道进行升级。两条线分别是：1 号线，直径为 0.51m，长为 15.9km；4 号线，直径为 0.66m，长为 31.3km。SNAM 公司通过对声学检测系统的应用，实现了测量和分析管道运行状态中的环境噪声；在泄漏控制实验中获得振动的声学数据；对清管器的清管路线进行设计和数据处理；通过与已有管道数据比较，验证管道特性。

（4）员工任务智能分配系统。

构建了作业人员管理系统，综合考虑员工的工作时间、性格、爱好等因素，将任务分配给最合适的员工。每位作业人员配备一台移动平板，方便接收作业详细信息。每周作业人员收到现场服务管理系统发出的本周工作安排；每日系统根据作业优先级安排工作日程。地图管理系统移动网络地图可视化的解决方案，可以实时自动定位用户位置。现场作业人员通过终端将现场信息发送至控制中心，控制中心将实时优化后的信息反馈给现场工作人员。

1.1.2　美国哥伦比亚管道集团智能化管道架构

哥伦比亚管道集团（Columbia Pipeline Group，CPG）由 NiSource 公司于 2014 年创立，2015 年脱离 NiSource 成为一家独立的上市公司，2016 年7 月 TransCanada 公司以 130 亿美元收购哥伦比亚管道集团。哥伦比亚管道集团主营业务分为天然气集输、天然气存储两大部分。天然气集输的规模大、足迹广，主要分为哥伦比亚天然气集输与哥伦比亚海湾管道集输两大板块，服务区域包括特拉华州，肯塔基州、马里兰州、新泽西州、纽约州等，是北美最大的地下存储系统之一，可存储 $85 \times 10^8 \mathrm{m}^3$ 的天然气。哥伦比亚管道集团拥有并运营着超过 $2.4 \times 10^4 \mathrm{km}$ 的州际天然气管道，横跨纽约到墨西哥湾，具有战略意义。其中，哥伦比亚天然气管道长为 18113km，哥伦比亚海湾管道长为 5377km，除此之外还通过投资拥有 Millennium 公司以及 Crossroads 公司的部分管道。

哥伦比亚管道集团拥有三个管道智能决策优化平台，分别为 GE Predix工业物联网平台、GE PVI 管道完整性管理平台、GE Samllworld GIS 资产管理平台。各平台的功能如下：GE Predix 工业物联网平台，涵盖数据采集、分析预测、管理优化等功能；GE PVI 管道完整性管理平台，动态评估管道面临的风险，风险主动报告；GE Samllworld GIS 资产管理平台，实现资产、设备信息数据可视化。

哥伦比亚管道集团智能化管道架构如图1.2所示。管道数据经过采集、标准化、云数据中心存储后，上传至 GE Predix 平台、GE PVI 平台、GE Samllworld GIS 平台三大平台，由三大平台分别进行风险预测与报告、综合状态监测、企业资产管理，并将决策信息汇总传输至调控中心，通过先进的工控系统实现对管道状态的优化调整，三大平台详细功能如下。

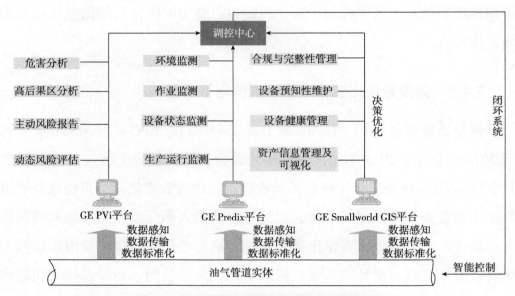

图1.2　美国哥伦比亚管道集团智能化管道架构

（1）GE PVI 平台。

GE PVI 平台运用管道数据、环境大数据等进行风险评估，从而减少管道事故、减轻事故后果。从而实现数据连接便捷、评估方案可定制、仪表盘示图。平台中的风险评估模型能够对管道当前状况进行评估，并识别高风险区域，从而优化管道维护方案。与此前的风险模型相比，IPS 更主动、分辨率更高。

（2）GE Predix 平台。

GE Predix 平台实现了企业内部与外部数据的充分整合。企业数据整合包括内部数据整合和外部数据整合，内部数据包括地理信息系统、工作管理系统、管道内部检测数据库、阴极保护数据管理系统、数据采集与监控系统 CSCADA 系统、测量系统、风险模型、高后果边界数据库、溢出模型、商业调度。外部整合数据包括美国地质勘探局（USGS）、美国国家海洋与大气治理局（NOAA）、美国农业部（USDA）、谷歌数据。

（3）GE Samllworld GIS 平台。

GE Samllworld GIS 平台主要采用两种方式对企业资产进行管理：①对影响管道运行的关键数据进行整合和分析；②将分散的不同系统、数据库、档案室的数据联系起来，进行预测分析，实现预知性维护和效率提升。企业资产管理中最重要的是对资产数据进行管理，哥伦比亚管道集团中资产数据结构型数据、功能型数据、财务型数据、商务型数据、地理型数据、操作型数据。

1.1.3　法国 TRAPIL 公司管道智能化技术特点

法国 TRAPIL 公司成立于 1950 年，是欧洲最大的液体管道公司。该公司管辖三条成品油管道，长约 1300km，最老的管道运行近 60 年，共输送 6 大类共 29 种石油化工产品，年输量 2500×10^4t 产生混油 18×10^4t，约占总输量的 0.72%。TRAPIL 公司还为欧洲其他国家、北约军事管道提供管理运营和技术服务。

（1）管道内检测。

对于新建管道，TRAPIL 公司在 3 年内完成基线检测，以后每 5~10 年进行再检。TRAPIL 公司通过验证对比发现，液体管道超声波内检测比漏磁检测更灵敏、准确和有效，之后该公司在对液体管道进行内检测时均选择超声波内检测方法。TRAPIL 公司内检测经验方法，尤其是超声波内检测技术和漏磁检测技术特点及适用范围，值得国内管道进行借鉴。

（2）管道泄漏监测和渗漏检测。

TRAPIL 公司的泄漏监测系统为自主研发，通过将整条管道分成不同站间段进行分段检测，将两个站间的管道作为一个单元，通过监测两个站间干线流量和压力的变化，利用负压波法和（或）音波法来判断管线是否发生泄漏并进行定位。为确保泄漏监测系统的精度，TRAPIL公司用于控制和计量的流量计、温变、压变等设备仪表具有高精度和高可靠性等特点；如主干线上安装两台计量精度为0.1级的流量计来精确计量管道油品，两台流量计同时运行，确保计量可靠。

随着管道服役时间逐渐增长，腐蚀等缺陷的增加以及部分设备设施的逐渐老化失效，管道微渗漏等事件也可能增多，若不提早发现并处理，极可能引发大事件，但管道发生微渗漏时却不足以被泄漏监测系统发现。TRAPIL公司针对该问题，还研发了管道微渗漏检测器并每年开展两三次微渗漏检测。该检测器与内检测设备类似，通过在管内运行监测、记录油品泄漏产生的噪声，设备取出后进行数据分析，判断管道是否发生泄漏并进行定位。

（3）输送产品的质量控制和管理。

TRAPIL公司对管输成品油界面跟踪、混油控制和质量管理都有很高的要求。

① 混油界面跟踪。TRAPIL公司同时采用密度和荧光剂两种方法，当相邻产品的密度相差较大时，利用在线密度计监测密度的变化进行界面跟踪和产品区分；当相邻产品的密度相近时，在混油段注入荧光剂，通过监测荧光剂的位置来精确跟踪混油界面并区分产品。

② 混油的切割和控制。当产品物性相近时采用直接顺序输送，每个批次切割的混油量控制在规定范围之内；当产品物性相差较大时，采用橡胶球作为隔离球进行输送，以减少混油量。

③ 对输送产品质量的严格控制和管理。为了全面及时监控输送产品的质量，通过建立化验中心对产品在输送前、输送中和输送后三个阶段进行严格化验。

1.1.4　挪威康士伯数据公司管道数字孪生体技术

挪威康士伯数据（KONGSBERG）公司在油气动态工艺模拟、自动控制系统模拟、流动保障领域内以高精度著称，并处于全球行业领先地位。康士伯数据公司构建了数字孪生体的数据模型、机理模型，通过管道物联网全面感知管道、设备、工艺各种运行参数，并在数据平台实现多物理量、多尺度、多业务场景的过程仿真，实现管网运行各环节仿真优化结果指导实体管道建设运营业务优化。

康士伯数据公司已建立基于数字孪生体技术的无人海上平台、基于数字孪生体技术的无人机场塔台。康士伯数据公司具有世界领先的数字孪生体架构与建模技术。对于管道数字孪生体的发展，康士伯数据公司提出的理念如图1.3所示。

（1）过去，现场操作人员通过自控系统对管道运行状态进行调节与控制，依靠经验进行决策判断的情况较多。

（2）现在，通过数字孪生体技术建立管道的虚拟仿真模型，以辅助的方式指导现场操作人员进行决策，显著降低人为经验判断导致的管道生产运行风险，使管道运行状态优化。

（3）未来，通过管道数字孪生体直接对自控系统下达指令，调整管道状态直至最优，实现无人站场、区域化管理、管道智能化运行等一系列目标。

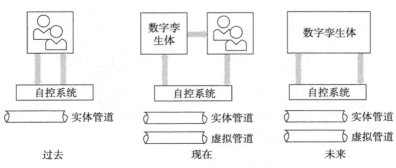

图1.3　数字孪生体的发展趋势

1.2 国外管道智能化运行一般架构

目前国外先进的智能化管道具有以下 4 个方面的特点：（1）闭环系统，集数据感知、决策优化、智能控制等多种功能为一体的管道智能化运行闭环系统；（2）数据感知与传输，基于完善的数据采集、传输、处理系统，实现管道内部、外部状态数据精确感知；（3）智能决策系统，基于先进的运行管控、安全管控、全生命周期完整性管理、资产维护、工作计划方案，构建管道自主优化、智能决策系统；（4）管道智能控制系统，基于先进的工控系统实现管道智能控制。国外智能化管道的一般架构如图 1.4 所示。

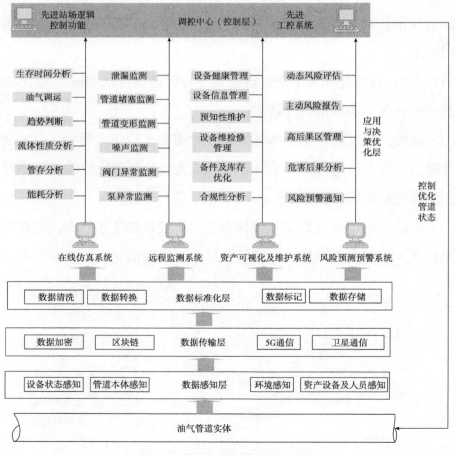

图 1.4 国外智能化管道一般架构

1.3 国外管道智能化建设关键技术

国外管道智能化建设关键技术见表 1.1，主要包括 2 类数据采集体系，3 种数据传输方式，1 项数据分布式存储与大数据挖掘能力，4 套智能决策优化系统，1 套完善的无人与远程控制系统。

表 1.1 国外管道智能化建设技术现状总结

数据采集	数据传输	数据存储与标准化	决策优化	智能控制
数据采集较为全面 （1）内部数据：SCADA调度系统；高后果区数据库；阴极保护数据；地理 GIS；工作管理系统。 （2）外部数据：国家海洋与大气治理局数据；美国地质勘探局数据；美国农业部土壤数据	多网互联：满足多种感知手段下不同通信方式的数据传输；安全入侵防护	（1）具有大数据分析与处理能力。 （2）形成了行业标准或产业联盟团体标准：统一的传感器电气接口方式；统一数据编码方式；统一数据汇聚方式	（1）多功能在线仿真系统，例如SNAM公司SIMONE系统。 （2）完善的远程监测系统，例如SNAM公司E-vpms™系统。 （3）全方位风险管控的管道完整性管理平台，例如哥伦比亚管道集团的 GE PVI平台。 （4）康士伯数据公司数字孪生体技术，在机场、海上平台实现无人化管理	完善的站场自控逻辑 （1）SNAM公司已实现压缩机一键启停。 （2）设备的精准执行与动作

1.4 国外管道智能化建设主要流程

国外管道公司（SNAM 公司、挪威康士伯数据公司）智能化管道建设的一般流程如图 1.5 所示。

（1）第一步（数字化交付/恢复）：建立反映管道、站场物理实体的 3D 模型。

（2）第二步（离线数据）：建立统一的数据平台，导入设计资料等静态数据，在 3D 模型上可视化呈现。

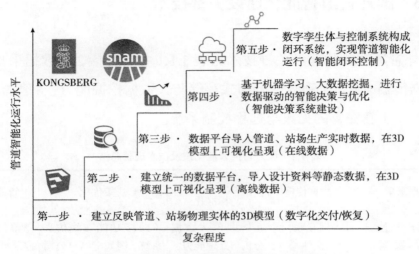

图 1.5　国外管道公司智能化建设的一般流程

（3）第三步（在线数据）：数据平台导入管道、站场生产实时数据，在 3D 模型上可视化呈现。

（4）第四步（智能决策系统建设）：基于机器学习、大数据挖掘，进行数据驱动的智能决策与优化。

（5）第五步（智能闭环控制）：数字孪生体与控制系统构成闭环系统，实现管道智能化运行。

1.5　中缅原油管道智能化建设目标

中缅原油管道 2018 年投产，包括 1 干 1 支。干线起点瑞丽泵站，终点禄丰分输泵站，全长为 599.7km，所辖工艺站场 6 座，阀室 34 座。支线起点禄丰分输泵站，终点安宁末站，全长 42.78km，所辖工艺站场 1 座，阀室 1 座。中缅原油管道线路沿线高程如图 1.6 所示，管道沿线 80% 以上为山区，落差超过 1000m 的管段 10 处，最大落差 1500m，大中型河流穿越 11 处，山体隧道 12 处，穿越地震活动断裂带 3 处，管道沿线环境及地形复杂程度世界罕见，由此带来 5 个方面的运行保障难点。

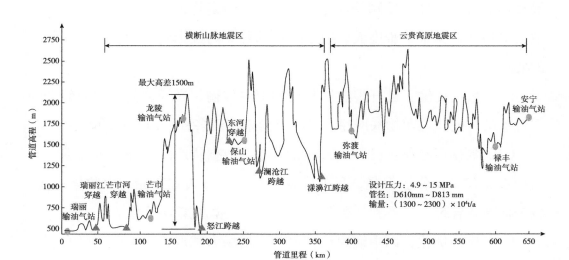

图 1.6   中缅油气管道线路走向

（1）典型山地管道，沿线地形起伏剧烈，局部高点不满流，水击破环性大。

（2）三高四活跃不良地质特点，高地震烈度、高地应力、高地热，活跃的新构造运动、活跃的地热水环境、活跃的外动力地质条件、活跃的岸坡再造过程。

（3）沿线地震活动频繁，管道穿越活动断裂带 5 条。

（4）大量采用山体隧道穿越方式，隧道地质条件复杂。

（5）跨越国际河流多，安全环保任务重。

因此，实现中缅原油管道的智能化运行，是数字化管道向智能化管道转变的要求，是对提升管道经济效益的要求，是油气管道事故威胁应对和安全保障的要求，同时也是关键技术国产化的要求。

中缅原油管道已经从数据感知、数据传输、数据标准化、决策优化、智能控制 5 个方面对中缅原油管道智能化运行进行了建设。

（1）数据感知：已开展工业物联共享系统建设，实现站场 SCADA 系统、非 SCADA 系统数据的全面采集与传输；开展了基于卫星遥感、红外等技术的天地一体化监测等数据感知技术。但是管道地形复杂，风险点分散，巡检和数据采集难度大，数据采集的种类与数量尚不满足大数据分析的要求。

（2）数据传输：已开展感知数据的卫星传输、光纤传输、部分数据的手机基站传输、工业物联网建设等，但尚未实现多种传输方式的融合。

（3）数据标准化：已开展云数据中心、数据资产图谱分析等数据存储与标准化建设工作。但是，目前尚未实现数据分布式存储与大数据挖掘、数据标准融合统一，不满足智能管道运行大数据决策分析的需求。

（4）决策优化：以中缅原油管道 7 座站场为试点建立工业物联共享系统，建立了生产智能管理系统，实现资产的全生命周期管理。建立了地质灾害监测与预警平台，实现了重点地段地质灾害监测。生产智能管理系统为载体的设备完整性管理体系有待完善，仍需加强对地质灾害易发区、高后果区、管道穿跨越区监测网络全覆盖建设。特别是缺乏管道及站场工艺运行仿真及管控、安全监测及应急管控、全生命周期完整性管理的智能决策系统，不能实现智能分析、预判与决策，难以实现预测预警可控。

（5）智能控制：目前主要以人为干预控制管道运行为主，尚未形成智能化管道闭环智能控制，工控系统及逻辑功能不满足远程控制及无人操作、智能联动要求。

结合智慧管网系统建设的总目标和中缅原油管道的现状，提出中缅原油管道智能化运行内涵是：建设形成以先进的数据感知传输系统为基础，完善的智能化运行决策系统为核心，高仿真 3D 模型为载体的管道、站场数字孪生体，实现管道、站场各种运行工况在线预测、预警、决策与优化，提出应急管控措施。通过先进的工控系统，实时优化管道运行状态，大幅提高运行效益、降低运行风险，实现管道运行的经济高效和本质安全。

2 山地管道智能化运行建设方案

通过"自上而下"的领导访谈和"自下而上"的现场问卷调研，结合国外先进智能化管道企业调研情况，提出了中缅原油管道智能化建设具体需求。在数据采集、数据传输、数据标准化、决策与优化、智能控制五个层次提出具有山地管道特色的中缅原油管道智能化运行架构，形成了闭环的智能化管道运行系统，构建了中缅原油管道智能化建设的纲领性指导文件。

2.1 中缅原油管道智能化建设现状

2.1.1 管道自动化控制水平

中缅原油管道工程（国内段）全线设置监视、控制、调度和管理系统。控制主要方式采用调度控制中心控制、站控制室控制和设备就地控制。设置工业电视监控系统，并能传输至调度控制中心。所有与主流程切换相关的设备均能够在调度控制中心远控操作。

自动控制系统采用以计算机为核心的 SCADA 系统，主要完成对全线各工艺站场的监控和管理等任务。SCADA 系统由北京调度控制中心及其廊坊备用调控中心和位于沿线各工艺站场及远控线路截断阀室的远程监控站——工艺站场（SCS）或远控线路截断阀室 (RTU) 组成。它们之间通过广域网连接，通信媒介采用光缆和卫星通信。

中缅原油管道按一级调控管道设计，生产过程实行三级操作管理模式，即调度控制中心监视、控制及调度管理；站控制室远程监控；就地手动控制。

在正常情况下，由北京调度控制中心及廊坊备用控中心对全线进行监视和控制。调度和操作人员能在北京调度控制中心和廊坊备用调控中心通过计算机控制系统完成对全线的监视、操作和管理。通常情况下，沿线各站无需人工干预，各站的站控制系统在调度控制中心的统一指挥下完成各自的工作。控制权限由调度控制中心确定，经调度控制中心授权后，才允许操作人员通过站控制系统对各站进行授权范围内的工作。当进行设备检修或紧急停车时，可用就地控制。当数据通信系统发生故障或系统检修时，由站控制系统完成对本站的监视控制。

全线设 2 座区域显示终端站，分别位于云南管理处、贵州管理处，将各管辖段的站场数据从调控中心下载至各区域显示终端进行显示。SCS 和远控线路截断阀室的 RTU 是 SCADA 系统的远方控制单元，是保证 SCADA 系统正常运行的基础。SCS 安装在各工艺站场的站控制室内，RTU 安装在各远控线路截断阀室的综合设备间。它们不但能独立完成对所在站的数据采集和控制，而且将有关信息传输给调控中心并接受其下达命令。

调控中心、站控系统、就地控制构成的三级控制系统，调控中心、站控系统主要功能见表 2.1，站内所有远控设备均设置就地操作功能，实现现场就地操作，如电动阀门的就地开关操作和输油泵机组的就地启停操作等。

表 2.1　调控—站场二级控制的主要功能

序号	调控中心的主要功能	站控系统主要功能
1	数据采集和处理	对现场的工艺变量进行数据采集和处理
2	工艺流程的动态显示	显示动态工艺流程
3	报警显示、报警管理以及事件的查询、打印	提供人机对话的窗口
4	实时数据的采集、归档、管理以及趋势图显示	显示各种工艺参数和其他有关参数

续表

序号	调控中心的主要功能	站控系统主要功能
5	历史数据的采集、归档、管理以及趋势图显示	经通信接口与第三方的监控系统或智能设备交换信息
6	生产统计报表的生成和打印	接收调度控制中心的指令和授权并完成相应的操作［包括执行紧急停车装置系统（ESD）命令］
7	标准组态应用软件和用户生成的应用软件的执行	本站设备启动、停运和自动切换的实现
8	紧急停车	本站清管器的接收和发送
9	泵机组优化运行	油品计量、计算和流量计的检定
10	工艺站场启停	监控各种工艺设备的运行状态
11	压力、流量值设定	消防系统的监视
12	控制和操作权限的设定	对电力设备及其相关变量的监控
13	系统时钟同步	对阴极保护站的相关变量的检测
14	SCADA系统诊断	站场火灾、火焰及可燃气体泄漏监视和报警
15	网络监视及管理	显示报警一览表
16	通信通道监视及管理	数据存储及处理
17	通信通道故障时主备信道的自动切换	显示实时趋势曲线和历史曲线
18	为经营管理系统提供数据	压力、流量的调节与控制
19	—	联锁保护
20	—	触发站场、区域或单体设备ESD紧急关断系统，并具有逻辑程序复位功能
21	—	打印生产报表
22	—	数据通信管理
23	—	为调度控制中心提供有关数据

　　调控中心、站控系统之间的关系见表2.2，当站场切换至就地控制模式，调控中心控制和站控系统的功能都将停用，站内所有设备将停止接受监控指令，以防止某些阀门和设备的意外开启。控制中心仍可以与站场保

持联系，可监视站场和设备的运行状态和参数。在就地控制模式下，安全系统应能持续运行，即便站场控制和设备控制切换到本地模式下，也不能受到影响，ESD 功能优先于就地控制模式功能。

表 2.2　调控—站场二级控制的主要关系

序号	调控中心的工作范围	站控系统的工作范围
1	控制权限的确定	在调度控制中心授权下，在站控模式下工作
2	模拟计算，包括水力计算模拟，泵机组运行工况计算等	在 ESD 或者其他异常情况下，站场必须切换到站控或就地操作模式
3	全线自动启动	监控本站工艺设备（泵机组、阀门、流量计橇、分析橇等）的工作状态和运行参数
4	全线正常停运	监视本站场重要运行参数（压力、流量、温度、液位、气质等），实时进行显示、报警、存储、记录和打印
5	全线保护停运	监视本站供配电系统、消防系统、阴保系统、通风系统等辅助系统的工作状态和运行参数
6	启输	监视本站工艺站场、监控阀室的火灾、可燃气体和安全状况
7	增量或减量输送，确定泵机组的运行和停止顺序	手动或自动关闭站场和启停本站泵机组
8	停输（计划停输和事故停输）	本站出站压力或流量设定
9	清管器跟踪	下达开始分输，结束分输的指令以及分输总量和分输瞬时流量设定值
10	通信通道故障时主备信道的自动切换	本站电动阀门和气液联动阀门的开关（ESD 截断阀只允许自动关闭，开启需要就地操作）
11	泵机组运行优化	发布 ESD 命令
12	监控全线工艺设备的工作状态和运行参数	本站流程显示
13	监视全线各站场重要运行参数，实时进行显示、报警、存储、记录和打印	—
14	经站控确认后，将站控或就地控制模式切换为监控模式	—

序号	调控中心的工作范围	站控系统的工作范围
15	监视全线重要辅助系统的工作状态和运行参数	—
16	监视工艺站场、监控阀室的火灾、可燃气体和安全状况	—
17	手动或自动开关各站泵机组	—
18	各泵站出站压力，分输站出站压力和流量设定	—
19	下达开始、结束分输的指令以及分输总量和分输瞬时流量设定值	—
20	全线各站电动阀门和气液联动阀门的开关	—
21	监视控制管道线路紧急截断阀	—
22	发布ESD命令，包括所有监控线路紧急截断阀、干线及支线站场	—
23	各站流程显示	—
24	支持其他平台的工作，实现数据共享和数据处理	—
25	贸易结算	—

依托现有 SCADA 系统，中缅原油管道能够实现工艺流程动态显示，生产数据的实时采集、归档和整理，压力、流量等生产参数调整，工艺流程切换，设备启停，水击及事故工况联锁保护等功能，具备较高的自动化控制水平。

2.1.2　站场设备状态监测

中缅原油管道对泵机组、阀门进行了状态监测，并能够获得反映设备健康状况的状态参数，保证站场相关设备在合理的工况区间内运行。阀门的状态监测参数见表 2.3。

表2.3 阀门的状态监测参数

序号	电动阀门	电/液联动阀门	站控ESD电液阀门	调节阀	泄压阀
1	开命令监测	开命令监测	远控ESD命令监测	阀位监测	泄放开关监测
2	关命令监测	关命令监测	阀位反馈监测	控制信号监测	泄放流量监测
3	阀位反馈监测	阀位反馈监测	电动执行机构故障监测	故障信号监测	泄放压力监测
4	电动执行机构故障监测	电动执行机构故障监测	执行机构储能罐系统的低压监测	全开、全关状态监测	—
5	就地/远控状态监测	就地/远控状态监测	—	就地/远控状态监测	—

泵机组的状态监测参数见表2.4。

表2.4 泵机组的状态监测参数

序号	给油泵机组	输油主泵机组
1	驱动端轴承温度	输油主泵驱动端和非驱动端轴承温度
2	驱动端轴承振动	输油主泵驱动端和非驱动端机械密封处泄漏监测
3	给油泵泵壳温度	输油主泵驱动端和非驱动端机械密封温度监测
4	机械密封泄漏监测	输油主泵驱动端和非驱动端轴承振动监测
5	机械密封温度	机械密封冲洗管路PDT压差监测
6	电动机轴承振动	输油主泵泵壳温度监测
7	电动机轴承温度和壳体温度	—
8	电动机定子温度	—
9	电动机过载监测	—

2.1.3 自控设备逻辑控制功能

中缅原油管道流程切换主要依托各类泵和阀门的控制实现。给油泵、输油主泵、调速泵、倒罐泵现有自控设备控制逻辑见表2.5。

表 2.5　现有自控设备控制逻辑

自控设备	控制逻辑		
给油泵	给油泵驱动端轴承温度超高保护		
	给油泵驱动端轴承振动保护		
	给油泵机械密封泄漏保护		
	电动机轴承温度超高保护		
	电动机定子温度超高保护		
	给油泵进口低压保护		
输油主泵	输油主泵轴承温度超高保护		
	输油主泵机械密封泄漏保护		
	输油主泵机械密封冲洗管路压差保护		
	泵壳温度超高保护		
	电动机轴承温度超高保护		
	电动机定子温度超高保护		
调速泵	调速泵的可调转速范围为1800～3000r/min		
	变频器输出电动机可调转速范围为1800~3000r/min		
	调速泵控制出站压力，当输油泵进口压力低于压力低限时报警（设定为0.5MPa）		
倒罐泵	倒罐泵进口低压保护		
阀门	进站阀组区联锁保护		
	出站阀组区联锁保护		
	出站调节阀与变频器的联合保护		
	站场关闭保护		进站阀组区关闭预报警
			进站阀组区关闭
			计量区关闭预报警
			计量区关闭
			出站调压区关闭预报警
			出站调压区关闭
			ESD保护

2.2 中缅原油管道智能化建设需求与架构

2.2.1 管道智能化建设需求

通过"自上而下"的领导访谈和"自下而上"的现场问卷调研，结合中缅原油管道现有运行架构，对标国际先进智能化管道运行架构，提出中缅原油管道智能化建设具体需求。在数据感知、数据传输、数据标准化、应用与决策优化、自动控制等5个层次提出了管道智能化建设需求，即7种山地特色数据采集方法，1套工业物联数据传输网络，3项大数据挖掘分析手段，3套山地管道智能决策管控系统，1套完善的站场逻辑控制程序。见表2.6。

表 2.6　中缅原油管道智能化建设需求

智能化建设环节	国外管道技术现状	中缅原油管道特点	中缅原油管道技术现状	智能化建设需求
数据采集	数据采集较为全面： （1）内部数据：SCADA调度系统；高后果区数据库；阴极保护数据；地理信息系统（GIS）；工作管理系统。 （2）外部数据：国家海洋与大气治理局数据；美国地质勘探局数据；美国农业部土壤数据	（1）山地管道线路较长，风险分散。 （2）山地管道地形复杂，公共监测数据网格密度低，不能表征管道周边真实情况，例如气相数据。 （3）地质灾害频发，地貌迁移多变。 （4）山区地貌复杂，巡检难度大。 （5）山地管道维检修、巡检人员实时受控，智能调配	（1）管道方面：光纤预警、管体应变、重点地质灾害监测等监测措施，解决部分监控需求。 （2）站场方面：输油泵等大型旋转机械已安装振动监测装置，但流量计、阀门缺少感知手段，尚未实现设备的自诊断和自校准。 （3）现状总结：感知数据类型和数量均不满足智能管道大数据决策分析的需求	全面信息感知： （1）利用卫星遥感实现地质灾害长周期分析预测。 （2）利用无人机航拍实现空间大尺度线路巡护。 （3）利用深部位移、降水等传感器监测地质等自然环境。 （4）利用GPS数据，实现管道维护人员实时受控。 （5）利用应变、壁厚、振动等传感器实时预警管体安全状况。 （6）站场设备需要进行多源异构数据的融合监测

续表

智能化建设环节	国外管道技术现状	中缅原油管道特点	中缅原油管道技术现状	智能化建设需求
数据传输	多网互联： （1）满足多种感知手段下不同通信方式的数据传输。 （2）安全入侵防护	（1）不同数据传输需求不同。 （2）例如重点地段视频监视数据为高速率传输数据。 （3）例如阴极保护数据为低速率传输数据。 （4）山地环境数据传输全区域覆盖难度较大	（1）主要通道：有线传输，光纤传输。 （2）备用通道：无线传输，卫星传输。 （3）现状总结：具备光纤传输，但无法实现线路监测大规模监测点的随处接入。偏远地区尚未实现卫星传输数据的全区域覆盖	（1）工业物联网。 （2）线路监测点大规模接入。 （3）偏远地区卫星通信全覆盖。 （4）固定检测类数据低速率传输。 （5）高后果区等固定视频监测数据高速率传输。 （6）数据加密传输
数据存储与标准化	（1）具有大数据分析与处理能力。 （2）形成了行业标准或产业联盟团体标准：统一的传感器电气接口方式；统一数据编码方式；统一数据汇聚方式	山地管道运行工艺流程复杂，需考虑水击、压力波动、高点空化、管道应力应变等一系列因素，生产运行过程产生海量数据	（1）数据中心初步建设，信息孤岛现象较为普遍，目前不具备大数据分析和处理能力。 （2）数据资产图谱分析与治理研究过程中，给出系统间数据交互、数据标准制订的实施路径。 （3）现状总结：对低密度、低价值的数据缺少判别能力，不具备大数据分析的能力，数据标准有待统一	（1）海量数据筛选：筛选清除低价值、低密度的数据；避免海量数据拥塞数据中心。 （2）数据清洗转化：统一标准采集；统一格式传输；统一维度存储；统一标准对齐。 （3）数据存储：结构化存储；分布式存储；大数据分析与挖掘
决策优化	（1）多功能在线仿真系统，例如SNAM公司SIMONE系统。 （2）完善的远程监测系统，例如SNAM公司E-vpms™系统。 （3）全方位风险管控的管道完整性管理平台，例如哥伦比亚管道集团的GE PVI平台。 （4）康士伯数据公司数字孪生体技术，在机场、海上平台实现无人化管理	（1）大落差原油管道输送工艺：管道能耗高；压力波动剧烈，易发生水击破坏；复杂流态加剧管内壁腐蚀。 （2）地质灾害频发：崩塌、滑坡、泥石流、不稳定斜坡、岩溶塌陷等。 （3）安全环保任务重：跨越多条国际河流；穿越大量山体隧道	（1）建立有生产智能管理系统，目前具备关键设备状态监测的能力。 （2）建立有地质灾害监测与预警平台，能够监测管道关键点处的应力应变并预警。 （3）现状总结：缺少针对山地管道运行及优化的在线仿真软件、安全管控、管道全生命周期完整性管理辅助决策体系	（1）运行管控系统：山地管道在线仿真系统；山地管道瞬态优化系统。 （2）安全管控系统：站场安全监测与管控；环境安全监测与管控；区域化管控。 （3）全生命周期完整性管理系统：管道全生命周期完整性管理；站场全生命周期完整性管理

续表

智能化建设环节	国外管道技术现状	中缅原油管道特点	中缅原油管道技术现状	智能化建设需求
智能控制	完善的站场自控逻辑： （1）SNAM公司已实现无人压缩机站场。 （2）SNAM公司已实现压缩机一键启停。 （3）设备的精准执行与动作	山地管道智能化运行与区域化管理对站场逻辑控制功能要求较高	中心站场、非中心站场的逻辑控制水平尚未达到区域化管理、管道智能化运行的要求	站场逻辑控制功能提升：进出站控制逻辑；清管控制逻辑；计量控制逻辑；罐区控制逻辑；消防控制逻辑；增压控制逻辑

2.2.2　管道智能化建设架构

根据数据感知、数据传输、数据标准化、应用与决策优化、自动控制五级层次架构，结合中缅原油管道的实际需求，构建了中缅原油管道智能化运行建设的总体架构，如图2.1所示。

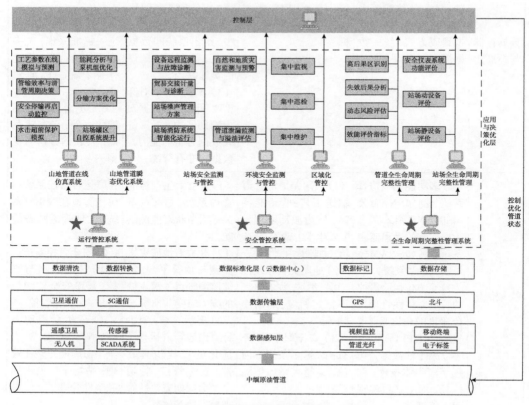

图2.1　中缅原油管道智能化建设架构

（1）纵向五层架构。

中缅原油管道智能化建设纵向架构总体可分为数据感知层、数据传输层、数据标准化层、应用与决策优化层以及控制层。

① 数据感知层：主要包括重要地段视频监视数据、无人机巡护数据、地灾监测数据、阴极保护数据、安全监测泄漏监测数据、智能巡检数据等。同时，根据智能管道建设需要，通过利用物联网感知层技术，采集SCADA系统未覆盖但在站场的设备和安全环保管理中需要的数据，主要包括关键设备远程监测和故障诊断、安全监测泄漏监测数据、光缆状态监测数据等。

② 数据传输层：针对重要地段视频监视、阴极保护、巡线系统、地灾监测、泄漏监测、关键设备远程监测和故障诊断等数据有不同数据传输需求。主要通道采用有线传输方式，即光纤传输方式。备用通道采用无线传输方式，即北斗卫星传输方式。

③ 数据标准化层：数据存储的方式应该支持大数据分析与挖掘，并且能够对海量数据进行智能筛选和分析，提炼出价值较高的数据用于设备预测性维护、无人机图像识别等领域。数据的标准化是不同信息系统数据融合的基础，是进行大数据分析的前提，重点在于各个信息系统应用统一的数据模型，达到数据间交互共享的目的。

④ 应用与决策优化层：由运行管控系统、安全管控系统、全生命周期完整性管理构成。应用与决策优化层是体现"智能"的核心部分，输入管道感知数据，进行决策分析，通过人机混合决策，优化管道、站场运行状态。其内在反映的是嵌入系统中的复杂机理模型与高效求解算法，外在反映的是实时数据与预测数据的展示。

⑤ 控制层：完善的逻辑控制程序，可以准确执行智能化管道决策优化的命令，精准动作管道、站场上设备，调节管道运行状态，优化管道运行参数，构成智能化管道运行的闭环系统，保证管道安全、经济运行。

（2）横向三大系统。

横向架构的三大系统是指构成应用与优化决策层的三个系统，分别为运行管控系统、安全管控系统和全生命周期完整性管理系统。

① 运行管控系统：包含山地管道在线仿真、山地管道瞬态优化子系统，能够实现工艺参数在线模拟与预测、能耗分析与泵机组优化、管输效率与清管周期决策等一系列功能；基于机理模型、机器学习、大数据挖掘算法，为运行方案制订、管网运行优化、能耗管理、运行工况预测等工作提供支持，确保管道介质流动安全高效。

② 安全管控系统：包括站场安全监测与管控、环境安全监测与管控、区域化管控子系统，能够实现管道本体安全风险的辨识、预测和预警，提高管道本体安全管控能力，实现对站场和设备的智能化监测、可视化展示、预防性维护，支撑实现区域化管控。

③ 全生命周期完整性管理系统：包括管道全生命周期完整性管理和站场全生命周期完整性管理子系统。实现管道规划、可行性研究、初步设计、施工图设计、工程施工、投产、竣工、运营、退役的全周期、全业务、全过程信息化管理。实现站场设备的运行、维护、维修、专业管理、设备全生命周期的状态监控与预测。

根据中缅原油管道智能化建设架构，梳理总结了数据感知层、数据传输层、数据标准化层、应用与决策优化层、控制层的建设目标及关键技术，如图 2.2 所示。

2.3　山地管道智能化建设流程

在山地油气管道智能化建设架构下，遵循统筹规划、分步实施的原则，参考国外管道智能化运行建设的主要流程，提出了山地油气管道智能化运行建设"五步法"，如图 2.3 所示。

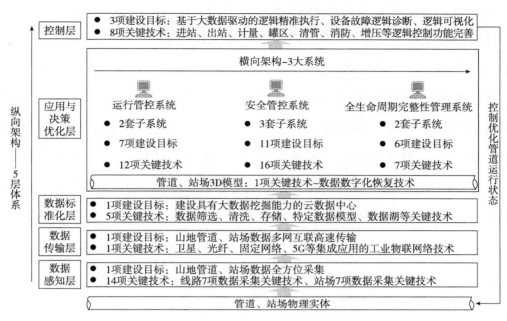

图 2.2 中缅原油管道智能化建设技术总结

图 2.3 山地油气管道智能化建设"五步法"

核心思路包括：第一步，基于统一标准的物联网技术，实现对管道本体、关键设备、自然环境及运行人员数据的全面感知和多网互联数据传输；第二步，通过管道数字化恢复，建立管道、站场高仿真 3D 模型，以虚拟管道、站场 3D 模型为数据载体实现数据资产可视化，依托云数据平台，设计特定化数据模型，形成山地管道数据标准体系；第三步，基于机理模型、优化模型，开发能够实现管道状态监测、预测、评估、预警、优化的智能决策系统及软件，辅助人工进行决策；第四步，基于机器学习，大数据挖掘等技术，开发深度智能决策系统及软件，实现人机混合决策；第五步，基于数字孪生体技术，实现 3D 管道模型对管道物理实体的在线仿真、状态重建、风险监测、调度优化、设备故障诊断等功能，显著减少人为干预，实现智能闭环控制。

3 数据感知系统建设方案

数据感知系统建设是中缅原油管道智能化运行、构建中缅原油管道数字孪生体的基础，包括数据感知系统总体架构设计、数据采集系统建设方案、数据传输系统建设方案、数据存储与标准化系统建设方案 4 个方面。数据采集是通过各种感知手段，实现管道本体、设备设施、周边环境、管理人员以及储备物资数据的智能采集和处理，是智能化管道建设的数据基础；数据传输是对所有数据进行加密传输，实现网络互联互通，打破信息孤岛；数据存储与标准化是通过云平台，对数据进行清洗、转化及存储，实现数据的全面统一。数据感知系统方案建设为下一步管道、站场的监控、预测、评估、预警及优化决策功能实现奠定了基础。

目前中缅原油管道在数据采集方面已开展了地质灾害监测与预警平台、生产智能管理系统实现站场部分关键设备数据采集；在数据传输方面已拥有了 SCADA 系统数据卫星传输、光纤传输、部分数据的手机基站传输、工业物联网；在数据存储及标准化方面，已开展了云数据中心、数据资产图谱分析建设。

3.1 数据感知系统总体架构设计

数据感知系统建设是管道智能化运行的基础，数据感知系统架构主要包括功能架构、数据分类架构和数字化架构三个方面。

3.1.1　功能架构

基于遥感卫星监控、传感器、无人机、视频监控的智能物联网数据感知层技术，结合 SCADA 系统，建设管道物联网数据感知体系架构。通过全面感知管道本体、管道周边自然环境和站场设备，实时监测油气管网和站场生产安全运行，以实现数据采集、数据传输、数据存储及标准化功能。其中数据采集层主要负责感测感知，覆盖线路部分、站场部分；数据传输主要负责信息传输；数据存储及标准化主要负责数据存储及数据标准融合统一。

（1）数据感知。

山地管道数据感知系统包括卫星技术、无人机及遥感、光缆在线监测、线路管道本体数据采集、输油泵远程诊断、流量计远程诊断、电气系统故障预测诊断分析等技术，数据感知层由智能物联网数据感知系统和 SCADA 系统组成，集数据采集、数据传输、数据存储、应用展示为一体的智能数据系统。实现站场的设备、安全环保、管道本体和周边环境中重要的数据，包括重点地段视频监视数据、无人机巡护数据、地灾监测数据、阴极保护数据、安全监测泄漏监测数据、智能巡检数据、关键设备远程监测和故障诊断和光缆状态监测数据等，保证实现站场和线路安全运行。

（2）数据传输。

管道沿线：总体方案采用有线和无线相结合方式。固定检测类低速数据（如腐蚀监测、土地位移、管道形变监测等）采用低速无线传输方式，如北斗短报文、NB-IoT 等采用无线传输方式汇聚到 OTN 光纤通信网络；固定视频数据（如高后果区视频监测）采用 NB-IOT 与 OTN 光纤传输网络相结合（过渡时期可采用 3G/4G、数字微波等）进行数据传输；移动监测类低速数据采用北斗短报文；地面移动视频类数据（地面巡线视频）采用光纤传输。

场站阀室：总体方案采用有线传输方式，通过以太网交换机和引接光缆汇聚到 OTN 光纤通信网络及监视阀室；站场汇聚到 OTN 光纤通信网络，完成数据传输。

（3）数据存储及标准化。

中缅原油管道建设数据中心系统，为中缅管道数据管理、分析、展示平台，对数据进行储存分类以及标准化。基于统一数据模型，实现多来源、多类型、高效率的数据存取，以及先进、成熟、实用的数据分析与算法研发，承载着管道数据模型、机理模型的构建及应用，并将体系规范通过数据治理平台进行固化，搭建数据仓库与大数据分析平台基础架构，为满足智慧管网的各类数据分析应用奠定基础，实现智慧管网数字孪生。

3.1.2 数据分类架构

将数据以管道、站场、物资供应链、应急、安全环保为主体进行划分，各主题域之间数据信息系统相互集成，构建如图 3.1 所示数据分类架构，支持数字孪生体的应用。

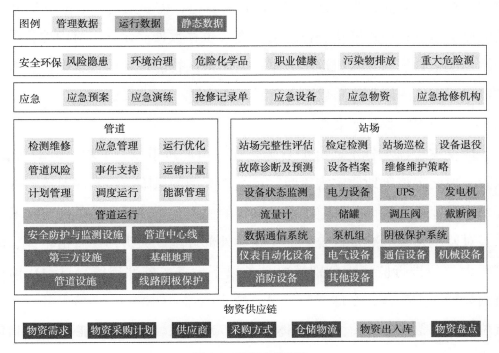

图 3.1 数据分类架构

3.1.3 数字化架构

通过中缅原油管道数字化恢复，建立管道、站场高仿真 3D 模型，以虚拟管道、站场 3D 模型为数据载体实现数据资产可视化，为中缅原油管道数字孪生体及管道智能化运行奠定数据可视化基础。

3.2 数据采集系统建设方案

3.2.1 线路数据采集

中缅原油山地管道沿线是户外环境，环境复杂且线路较长，风险隐患分散，存在穿跨越。目前对管线本体和周边环境、地质灾害的管理主要依靠巡线人员发现问题，数据采集难度大。随着物联网感知传感技术的发展和成熟，部分管线重点地段和灾害易发点陆续开展监测技术尝试和试验性应用。在路线方面，为建设中缅原油智慧管道，需要采集的数据主要包括：地灾监测数据；山地隧道主体应力应变及位移数据；无人机对山地管道中长距离巡检数据；无人机巡护数据；高后果区智能视频监控数据；阴极保护数据；天地一体化监测数据；泄漏监测数据。

（1）地灾监测数据采集。

地质灾害监测标准研究的目标是在管道通过滑坡、崩塌、活动断裂、水毁、地面沉陷等地质灾害段时，对灾害类型的风险分级和应对策略提出要求，对地质灾害体、管道、支护结构的监测布置、采集数据制订技术要求，对监测预警标准进行统一。主要对外部环境、灾害体、管道本体、河道四大类型进行监测，分别需要具备以下设备：外部环境，自动化雨量监测装置；灾害体，全球导航卫星系统定位器（GNSS）、土壤水分计、多点位移计、裂缝计等；管道本体，管道应变计；河道，智能下切监测传感器。

（2）山地隧道主体应力应变及位移数据采集。

①山地隧道主体应力应变数据采集。

针对水域隧道，部署应变片和位移传感器/光纤光栅/分布式光纤，通过应变片在外界力的作用下会产生机械变形，从而导致电阻值相应的发生变化，再通过位移传感器/光纤光栅/分布式光纤，将数据传输至监控中心，实现对水域隧道应力应变及位移监测。

②位移监测装置。

针对山岭隧道，其活动断层断面处的拱顶、拱腰、拱脚、仰拱等位置埋设振弦式传感器。振弦式传感器是以拉紧的金属弦作为敏感元件的谐振式传感器，当弦的长度确定之后，其固有振动频率的变化量即可表征弦所受拉力的大小，通过相应的测量电路，就可得到与拉力成一定关系的电信号，并将信号传输至监控中心，实现山岭隧道的活动断层断面处的拱顶、拱腰、拱脚、仰拱等位置应力应变及位移监测。

对于管道定位及位移监测，管道定位使用管线探测仪和射频识别技术（RFID），快速准确地探测出管道的位置、走向、深度及钢质管道防腐层破损点的位置和大小。而管道位移监测采用北斗高精度差分定位，建立基于网络模式的北斗高精度定位数据播发系统，实现管道位移监测并传输至数据中心。

（3）无人机对山地管道中长距离巡检。

为实现中缅原油管道智能化运行，线路管道本体数据采集增加无人机遥感（UAVRS）技术，该技术作为航空遥感手段，具有续航时间长、影像实时传输、高危地区探测、成本低、高分辨率、机动灵活等优点，是卫星遥感与有人机航空遥感的有力补充。其利用高分辨CCD相机系统获取遥感影像，利用空中和地面控制系统实现影像的自动拍摄和获取，同时实现航迹的规划和监控、信息数据的压缩和自动传输、影像预处理等功能，管道线路监测、自然灾害监测与评估等。

无人机数据采集通过高空视角巡察，为管道完整性保护评估提供数据支撑，主要存在以下优势：全面掌握管道沿线周边环境，提前发现、预防即将靠近管道的危险作业；高效率、长距离巡察管道裸露、山体滑坡、保护区坍塌等潜在危险；暴雨、暴风、地震等恶劣灾害之后，快速巡察、评估管道沿线的破坏情况；无人气象飞机可装载遥感设备对温度、湿度、气压、风速、风向和电场等气象参数进行测量。

（4）高后果区智能视频监控和光纤预警。

通过重点部位智能视频监控和光纤预警相结合，保障管道安全，实现重点监视，智能巡护。基于智能监控图像，自动识别和比对巡线时地面情况与重点监控区域变化数据，给出需要技术人员现场查看的提示，指挥人员现场确认、快速处置。

采用光时域反射仪（OTDR），分析光纤中后向散射光或前向散射光的方法测量因散射、吸收等原因产生的光纤传输损耗和各种结构缺陷引起的结构性损耗，当光纤某一点受温度或应力作用时，该点的散射特性将发生变化，因此通过显示损耗与光纤长度的对应关系来检测外界信号分布于传感光纤上的扰动信息。实时有效地监测光缆耗损情况和通断情况，可进行光纤长度、光纤的传输衰减、接头衰减和故障定位等的测量。通过采集光纤故障定位、裂化指标等数据，以保证光传输平稳运维。

（5）阴极保护数据采集。

利用物联网技术部署传感器实现阴极保护系统、测试站等相关数据自动采集。主要采集的数据种类有：恒电位仪数据；长效参比电极数据；阴极保护电位传送器数据；辅助阳极地床数据；内腐蚀监测系统数据；绝缘接头保护器数据。通过阴极保护电位无线测遥模块传输至监测中心站实现数据显示、信号预测和预警以及对异常情况发生的定位。

（6）天地一体化监测数据。

利用雷达卫星遥感地表位移监测技术与管体变形监测技术相结合进

行管土相互作用关系分析是未来油气管道地质灾害领域风险监测的发展趋势。地质形变灾害发生前，形变非常微小，征兆不明显，人工巡查难以发现，地基监测设备全线铺设的成本极高。基于星载 SAR 覆盖范围广、形变测量精度高、更新周期快和成本低的特点，建立卫星干涉技术，通过与高分辨率光学影像和高分辨率 InSAR 影像技术进行融合，建立周期性持续全线监测的高精度形变测量手段，逐步实现天地一体化的自动化全天候地物变形监测，助力油气管道安全运维和风险筛查。

卫星监测技术能够对重点地区的历史卫星数据地质风险普查、风险区域标识、InSAR 分析和地勘核查工作等，实现全天候地质沉降及自动化地物变化监测。建立周期性全线监测的高精度形变测量手段，实现天地一体化的自动化全天候地物变形监测。主要采集的数据种类有：潜在风险区风险等级划分；潜在风险点中心坐标；潜在风险区域面积；沉降点累积形变量；沉降点形变速率；相关区域面积；相关区域中心坐标。

（7）泄漏监测数据采集。

管道主要采用音波（次声波）法和质量平衡法相结合的方法进行泄漏监测。泄漏监测系统的硬件由次声波传感器、次声测量网络传输仪、GPS 接收器和监控主机组成。通过次声波传感器在线实时采集次声波信号，提取特征量来判断泄漏发生的位置。

3.2.2　站场数据采集

在站场方面，目前主要存在 SCADA 系统数据采集不全面，采集 SCADA 系统未覆盖站场的设备和安全环保管理中所需要的数据。为建设中缅原油智慧管道，需要采集的数据主要包括 SCADA 系统数据、站场关键设备数据、安全环保数据、安全仪表数据、基层信息系统数据、纸质文档电子化数据和辅助系统数据。

（1）SCADA 系统。

SCADA 系统作为远控的基础，采用中心、站控、就地的三级控制方式。综合利用了计算机技术、控制技术、通信与网络技术，完成了对测控点的各种过程或设备的实时数据采集，本地或远程的自动控制，以及生产过程全面实时监控，并为安全生产、调度、管理、优化和故障诊断提供必要和完整的数据及技术手段。

SCADA 系统可以对现场的运行设备进行监视和控制，以实现数据采集、设备控制、测量、参数调节以及各类信号报警等各项功能。SCADA 系统上位机配置各种输入设备（DI、AI 等）进行数据采集，通过各种输入设备（DO、AO 等）对现场设备进行控制，并向上位机传输各种现场数据。例如，远程终端单位 RTU，其是安装在远程现场的电子设备，用来监视和测量安装在远程现场的传感器和设备。能够提高信号传输可靠性、减轻主机负担、减少信号电缆用量、节省安装费用等。而上位机系统通常包括 SCADA 服务器、工程师站、操作员站、WEB 等，通过以太网联网，实现数据采集和状态显示、远程监控、报警和报警处理等功能。通过 SCADA 系统能够感知多计量系统、站场 PLC、站场工艺参数等数据。

（2）站场关键设备监测技术。

①输油主泵远程诊断。

通过输油泵机组上设置的温度、振动在线监测系统，可基于现有系统实现输油泵状态参数，例如，压力、温度、振动、流量等参数的远程监测及故障诊断。

②流量计远程诊断。

利用物联网技术采集超声流量计参数包括：各声道流速／平均流速、声速／平均声速等。同时采集质量流量计参数包括：传感器故障，反向流量，空管等。并将相关数据传输至数据中心，进行处理及预警预测。

③阀门远程诊断。

应用阀门线技术上传特定故障信号，监管、获得、记录并传送危险阀门的表现信息到维修部门。实现站场阀门实时情况信息可视化，并提供安全警报以防故障，供运行人员判断故障类型。

④油罐数据采集。

通过油罐区液位计、压力表等自动化仪表，采集油罐高低液位、实时液位、油罐内压力、原油物性等数据。

（3）安全环保数据。

基于超声波检测原理的气体泄漏检测，实现站场露天工艺区泄漏自动检测和报警。

通过移动传感器和固定式噪声监测仪，实现实时监测站内噪声分布情况，自动检测和报警。

（4）安全仪表数据。

完善安全仪表数据采集系统，提高安全仪表系统的可靠性，降低安全仪表系统误动作的概率。主要采集数据仪表有温度测量仪表、压力测量仪表、流量测量仪表、物位测量仪表、分析类测量仪表、火灾测量仪表和其他类测量仪表。

（5）基层信息系统数据采集。

通过全生命周期（PCM）系统、完整性管理（PIS）系统、物资待办平台（ERP）系统、管道生产（PPS）系统、焊缝管理系统、高后果区视频监控预警系统、地灾系统、设计云数据集成，形成各系统紧密协同与深度融合的总体架构，实现基层信息系统数据采集。

（6）纸质文档数据全面电子化。

将采集的纸质文档数据进行全面的电子化处理，运用数字化标签实现对站场、管道、阀室的相关纸质资料电子化管理。主要包括：竣工资料全面电子化；计量交接全面电子化；环境与地质灾害数据全面电子化；管道本体检测维护数据全面电子化；管道巡检数据全面电子化；管道运行数据全面电子化；站场物资、设备数据全面电子化；阀室物资、设备数据全面电子化；第三方设施数据全面电子化；基础地理数据全面电子化等。

（7）辅助系统。

电气系统故障预测诊断分析包括变压器在线监测、GIS 在线监测、110 kV 户外避雷器在线监测系统等。通过各电气系统在线监测，进行相关故障预测诊断分析。

基于无线传感器网络的变压器监测系统：由功能相同或不同的无线传感组成，是以嵌入式技术为核心的数据采集与通信系统。能够实现对压力数据实时采集，实现变压器在线监测。

GIS 在线监测：基于站场管网分布密集，腐蚀、压力、管线老化等潜在危险导致爆管、泄漏、串线等数据，建立地理信息软件 Arc GIS 在线监测，在计算机硬、软件系统支持下，对站场空间中的有关地理分布数据进行采集、储存、管理、运算、分析、显示和描述的技术系统，提高站场管理效率。

110 kV 户外避雷器在线监测系统：其监测终端的电路设计采用可编程逻辑技术，并使用复杂可编程逻辑器件 CPLD 为硬件载体，完成对前端电流信号的测频及对频值的采集方案，实现避雷器在线监测与预警。

3.3 数据传输系统建设方案

3.3.1 数据传输架构

建设数据传输系统，包括统建系统数据传输和自建数据传输，打破数据孤岛局面，提高数据利用率，实现集中管理和调控。

（1）统建系统数据传输。

利用 SCADA 系统将数据传输至北京油气调控中心，主要传输方式包括主信道光纤通信和备用信道卫星通信。

（2）自建系统数据传输（工业物联网）。

SCADA 系统、非 SCACDA 系统（计量、UPS、综合电气等）采集的数据传输到站场数据管理系统，有数据管理系统上传到局机关数据管理系统，经过决策下发到局机关 / 分公司 / 作业区数据应用系统（图 3.2）。

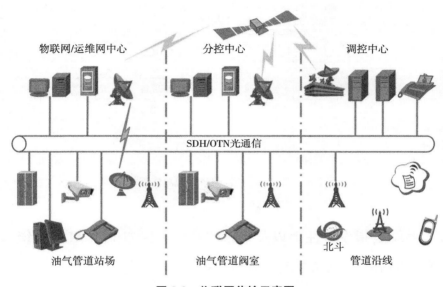

图 3.2　物联网传输示意图

3.3.2　中心系统架构

建设一套工业物联数据共享系统，主要由服务器、工作站以及相关的网络设备和存储设备组成。系统的总体架构分四层，分别为系统硬件层、数据节点层、数据物流层、应用层。其中系统硬件层、数据节点层属于系统站场端，数据物流层属于站场与中心的通信链路，应用层属于系统的中心端，如图 3.3 所示。

（1）系统硬件层。

系统硬件层分硬件设备层和接入系统层。硬件设备层是指具体的管道的设备，比如：PLC、管道阀门、各类传感器等管道运营系统中的物理设

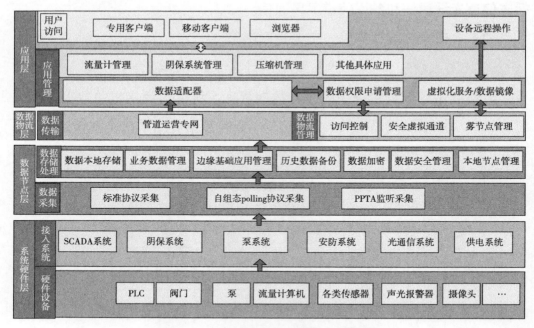

图3.3　工业物联数据共享系统总体架构图

备；接入系统是指设备往上以及集成的系统，比如说 SCADA 系统、阴保系统、光通信系统、安防系统等其他系统。

（2）数据节点层。

数据节点层分为在线监测和数据存储及处理层。数据的在线监测包括：数据采集，系统自动采集需要监测的数据点，使用三种采集手段进行采集，确保能把整个中缅原油管道数据进行采集。数据存储处理层包括：数据本地存储，系统将采集的数据进行就地存储，按需上传给数据中心；业务数据管理，系统将采集的数据按照业务进行分类管理；边缘基础应用管理，对本地需要实现边缘计算的业务进行管理，即系统根据采集数据点所提供的物联设备运行状态采用专业软件进行实时的在线评估等；数据加密，对数据进行加密；数据安全管理，对数据进行安全管理；本地节点管理，对本地的节点进行系统管理。

（3）数据物流层。

数据物流层包括数据传输和数据物流管理。在站场和中心应用之间进行数据传输。

（4）应用层。

在应用层使用代理服务器的方式，可根据业务需求通过代理服务器获取相关的数据。应用根据需求通过数据适配器访问数据综合管理服务器，数据综合管理服务器对应用操作进行身份验证，通过加密狗或安全证书方式，按应用需求开启边缘端（站场）数据通道，在边缘端（站场）也实行加密狗或安全证书方式与数据综合管理服务器进行相互验证。通过验证则开启虚拟安全通道，由应用端通过数据适配器对数据进行读取调用。同时，西南管道正在建设云数据中心，云数据中心作为西南管道信息系统的核心平台，将来信息化的系统均将纳入云数据中心中，待云数据中心建成后，本系统也可实现与云数据中心的数据上传（图 3.4）。

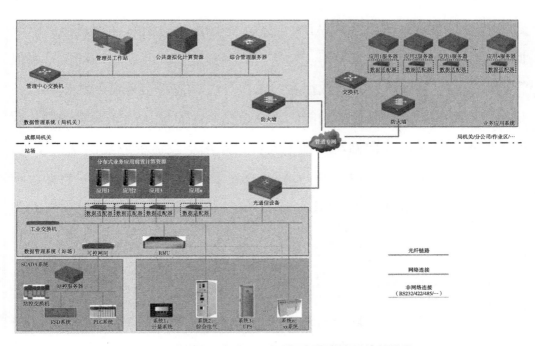

图 3.4 中缅原油管道工业物联网数据共享系统部署图

3.3.3　站场系统架构

站场端是整体系统分布式技术架构的节点，为最为关键的核心内容——管道系统数据源，需要支撑包括实时数据和历史数据的分布式存储和管理，以及现场设备在线管理、远程支持、故障处理。为此，本系统采用分布式虚拟数据仓库节点技术作为站场端的功能实现的基础，基于节点数据存储、管理技术，实现自动数据采集、数据存储、访问控制等基础功能，并针对本项目的特性，构建远程数据访问服务以及设备管理功能。

为了提高系统的数据安全性，在站场端系统设计中，还引用了区块数据库记账技术。即每个站场端系统的系统管理部门都存储存放整个系统的数据管理权限，在不经过综合数据管理服务器的情况下，不可以更改站场数据点的数据管理权限。通过此项技术，可以确保管道系统网络的安全及管道数据的安全可靠性。

在站场端部署分布式节点服务器作为站场节点，分布式节点服务器从新增通信服务器采集站场 SCADA 数据，同时管线监测系统等其他运维数据也采集至分布式节点服务器。对于一级调控管道，北调集中调控是确保管道输送的正常运行，物联数据系统采集一级调控管道现场的数据和设备状态，不具备控制现场设备功能。物联数据系统只能从站场采集数据，数据传输不能从中心流向站场，即不允许向站场下发命令或控制现场设备。本工程在站场数据采集设备与 SCADA 网络之间设置网闸，保障数据传输的单向性，即数据只能从 SCADA 系统采集，不能向 SCADA 系统下发控制命令。

3.3.4　数据流向

中缅原油管道工业物联网数据共享系统信息流设计如图 3.5 所示。由应用（包括已有应用）对数据适配器提出数据请求，数据适配器对数据管理服务器进行数据使用申请，数据管理服务器对申请进行审批、加密狗认证等方式进行验证，通过验证后，数据管理系统对站场管理系统发送数据使用许可，站场管理系统经过验证以后，系统建立起安全虚拟通道，业务应用通过数据适配器与站场进行数据交互。

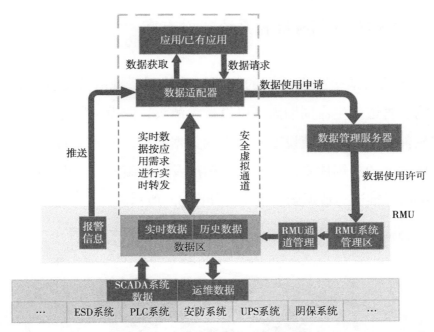

图 3.5　工业物联网数据共享系统信息流设计

站场端系统对站场的 SCADA 数据与运维数据分别进行采集、存储。站场端系统上传数据分为三类。

（1）实时数据：实时数据在建立安全虚拟通道以后采用实时转发的模式，根据应用需求建立转发通道进行转发。

（2）历史数据：在建立安全虚拟通道以后，历史数据根据应用需求进行连接发送。

（3）系统报警信息：报警信息在站场管理系统端使用一直推送的方式向应用发送数据。

利用第三方应用数据接口方式，由数据中心给出数据链路，站场的分布式数据节点服务器根据中心的授权通过 IEC104 协议向数据的应用方转发其需要的实时数据或历史数据，其接口由应用方的平台网关作为数据接收点及接收端口。

3.4　数据存储与标准化系统建设方案

建立覆盖管道全生命周期的数据标准体系，规范数据移交格式、编码、结构。管道全生命周期内，以设计为源头，向设备制造、管道生产运营环节延伸，结合管道建设期和运维期数据需求，形成全面统一、递延传承和集成共享的数据体系，开展数据标准及模型编制，建设数据管理组织架构及部门，推进"数据湖"建设。如图 3.6 所示。

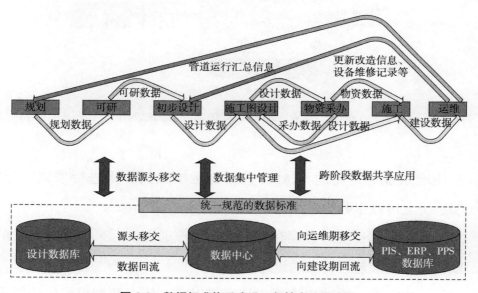

图 3.6　数据标准体系建设一般性方法及流程

基于以上三个方面的原因，建议中缅原油管道数据标准化体系建设采用 APDM 数据模型。根据实际情况，在建模之前应对模型进行修改、扩展和定制。

3.4.1 数据感知模型建立

良好的数据模型是建立中缅原油管道数据标准化体系的基础。国外在油气管道信息化方面发展较早，开发出 3 个主要数据模型，即 ESRI公司的 APDM（ArcGIS Pipeline Data Model）、ISAT（the Integrated Spatial Analysis Techniques）和美国管道开放数据标准 PODS（the Pipeline Open Data Standard）。APDM、ISAT 和 PODS 具有良好的共享性和可扩展性，管道信息化实践也大都建立在这 3 种模型框架之上。

近年来，国内管道行业的信息化进程不断加快，其中以中国石油天然气管道工程有限公司提出的中国管道数据模型 CPDM（China Pipeline Data Model）最具代表性。该模型是结合我国实际提出的传输管线数据模型，遵循美国管线开放数据标准 PODS。管道数据标准化体系建设是管道信息化进程的一部分，该项技术与国外存在差距，导致数据交互和共享能力不足。

（1）APDM。

APDM 是 ESRI 公司开发的地理数据库，支持模型自定义扩展，拥有强大的 GIS 能力，能更好地支持与 GIS 相关的空间分析功能，衔接管道空间数据和属性数据，该模型是管道行业较为公认的数据模型。

APDM 能对管线数据的逻辑关系进行有效处理，并能存储管线要素的空间信息。APDM 包含的管道要素大致分为核心要素、在线要素和离线要素。核心要素是中心线维护和里程定位所必需的，它的属性是不变的，包含控制点、站列、站场、站场边界、管网、子系统、活动及度量参考等。管道要素与管道中心线的位置不同，可分为在线点要素、在线线要素、离线点要素、离线线要素及离线多边形要素。管道要素与管道中心线的位置关系如图 3.7 所示。

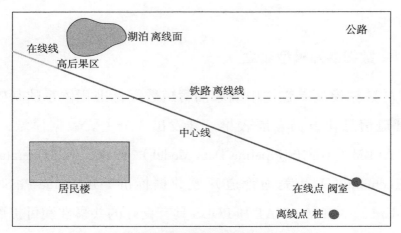

图 3.7　管道要素与管道中心线的位置关系

（2）ISAT。

ISAT 是 PODS 的前身，曾经是一个流行的模型，得到了较多的应用，但目前已经基本被 PODS 取代。

（3）PODS。

PODS 即"管道开放式数据库标准"，是一种适用于油、气的集输、长距离传输及配送管道系统的独立综合数据库模型。PODS 提供了一个公共的平台，使管道公司能创建一个基于 GIS 标准的数据库，提高数据集成，改进数据管理方式，降低执行风险。PODS 数据模型把整个管道行业的需求看作一个整体，它提供一个框架让各个机构能关注本公司的特殊需求，根据业务需求可以增加或删除模型中已经有的要素。

（4）CPDM。

CPDM 是依据美国 PODS，并在美国 ESRI 公司的 APDM 的基础上，结合我国的实际情况提出的传输管线数据模型。可供新建的输送液体、气体管线实现数字化管理使用，也可为在役管线或矿浆管线建立数字化管理提供借鉴。

CPDM 是建立在 GIS 软件平台上，用于存储与收集和传输管线（尤其是气体和液体系统）有关要素的信息。CPDM 提供了一系列的核心对象和属性，用于描述和有效处理所有定位。用户可以向模型中添加或删除要素，或者修改模型中的已有要素。CPDM 概念模型如图 3.8 所示。

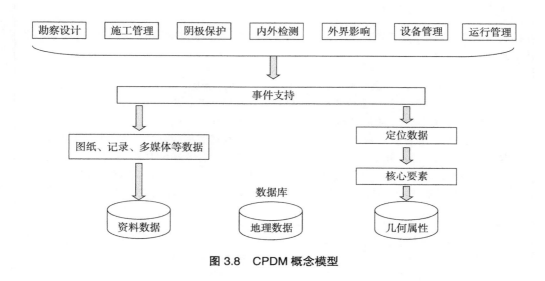

图 3.8　CPDM 概念模型

（5）模型比选。

中缅原油管道智能化的基础是数据标准化体系的建立，该体系的建立离不开一个成功的数据模型，因此采用成熟的数据模型是十分必要的。PODS、APDM 作为成熟模型的典型代表，在国内外得到了广泛的应用，其各自的特点见表 3.1。

由于 PODS 推出的时间较长，又是源自 ISAT，因此在国外的应用案例比较多。但由于 APDM 与 GIS 的结合更加紧密一些，根据国内应用的特点，采用 APDM 的项目多于 PODS。在实际管道工程中，需要根据数据、GIS 平台等情况来选择管道数据模型。建议中缅原油管道智能化建设采用 APDM，理由如下：

① 模型与 GIS 的集成。在国内模型实施与 GIS 建设往往是作为一个项目来实施的，因此必须要考虑模型与 GIS 的集成（即模型的空间化）。

PODS 是纯粹的关系型模型，不包括任何空间数据及其关系，而 APDM 提供了与 GIS 集成的方法。

表 3.1　PODS 与 APDM 特点对比

模型	PODS	APDM
技术基础	纯粹的关系型数据模型	基于ESRI公司的ArcGISGeoDatabase技术的对象—关系模型
主要内容	包括以下大类：管道设施、法规遵从性、风险评估、运行计量参数、工作历史、场站设施、阴极保护、压缩机、地理境界、穿越、内检测、外检测、密距电位检测、海洋管道设施、泄漏检测、外部文档与报表等	抽象类：中线、设施、在线/离线对象等分类；核心类：线性参考要素与线路层级结构、场站、活动、外部文档等；元数据类：描述数据的数据；备选类：中线与层级结构、设施、运行（现场记录、运行压力、试压、风险分析、ROW等）、事件支持（联络单位、地址、带状图等）、法规相关（地区等级、高危区等）、检测、侵扰和隐患、阴极保护
优点	（1）由行业协会推出，管道运营业务结合得比较紧密；（2）纯关系型数据模型，可部署在任何主流的GIS平台之上；（3）诞生时间长，源自ISAT模型，国外的管道运营商应用案例较多	（1）由全球最大的GIS公司推出，与GIS，尤其是ArcGIS系列软件结合得比较好；（2）能够实现管道数据与地理数据紧密结合
缺点	管道数据空间化（与GIS集成）需要增加不少的工作量	（1）只能运行于ESRI公司ArcGIS平台之上；（2）对管道数据质量要求比较高
国内应用案例	中国海油：气电集团大鹏LNG干线	（1）中国石油：西气东输一线、冀宁联络线、陕京线、川渝管网等；（2）中国石化：榆济线；（3）中国海油：气电集团福建LNG干线、浙江天然气管网

②　模型国内应用情况。APDM 在国内成功实施的案例占多数。中国石油总体信息化规范 A4 方案明确指出将在整个集团内部采用 ESRI 公司的 ArcGIS 系列 GIS 软件。中国石油地理信息系统总体设计方案中的 GIS 功能也基本采用 ArcGIS 的功能体系，并提出采用 APDM 来管理管道数据。中

国石化也初步选择 APDM 作为管道数据模型。考虑到未来，国家层面管网一体化建设和集成，采用 APDM 有助于数据共享和交换。

③国内管道 GIS 建设情况。在国内，ESRI 公司的 ArcGIS 产品已经取得了市场领先地位，许多管道运营企业都采用了 ArcGIS 软件，同时熟悉 ArcGIS 的软件企业也较多，便于选择合作伙伴。

基于以上 3 个方面的原因，建议中缅原油管道数据标准化体系建设采用 APDM。根据实际情况，在建模之前应对模型进行修改、扩展和定制。

3.4.2　数据筛选清洗与提取

在数据获取过程中，由于传感器故障、传输异常等原因会造成数据重复、错误或丢失，因此，必须对数据进行识别，筛选、清洗。删除重复信息，纠正错误信息，并提供数据一致性验证，整理为可加工、使用的数据。数据识别、筛选、清洗过程如图 3.9 所示。

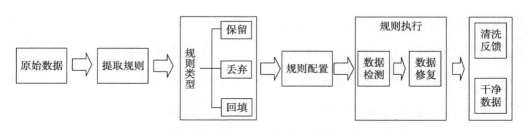

图 3.9　数据识别、筛选、清洗过程

3.4.3　数据标准化体系建立

数据标准化体系建设的主要任务是为数据本身建立规范或标准。实现数据规范化或标准化的根本方法是在数据模型中加强数据元规划和元数据建模，并完善信息分类和编码机制，形成数据标准化体系。数据标准化体系的 3 个组成部分相辅相成，同时规定且统一了数据元、定义了元数据、制订了信息分类编码的信息标准化建设方案才能为数据更新、信息交互、数据共享提供标准。在此基础上，建立山地管道业务数据标准，通过数据管控平台进行数据质量管理。

（1）数据元规划。

数据元是最小的不可再分的信息单位，能解决数据属性冲突，实现不同系统之间的数据集成和信息共享。数据元规划的引入可以简化或合并数据处理系统中的同义词或别名，统一命名规则，简化数据结构，有利于提升数据元素质量。从数据元素的创建和命名上加以规范，促使数据结构良好、简明、清晰，可保证系统检索快速、有效进行。

管道数据元规划包括数据元的命名、标识及数据元命名和标识的一致性检验。数据元命名的一般结构为：限定词—对象类词—特性词。例如：管段设备编号，编号为特性词，设备为对象类词，管段为限定词。管道数据元的命名要求赋予其逻辑名称，而不要考虑其物理名称，并且符合唯一性、语义、语法及英文名称词法规则。

针对中缅原油管道智能化设计数据元，可将所有数据元分为 4 组，即管线基础信息数据元、管线设备信息数据元、管线环境信息数据元和管道完整性信息数据元。数据元的标识采用 7 位数字层次表示法。其中，前两位数字构成第 1 层，用来表示数据元分组号码；第 3 位和第 4 位数字构成第 2 层，用来表示分组内的组成成分；后 3 位构成第 3 层，用以表示组成成分的属性。并且非代码型数据采用偶数标识，紧随其后的奇数用来标识同一概念的代码型数据元。采用数字层次表示法对数据元进行标识的另一个优点是可以避免产生标识重复现象，从而省略数据元一致性检验步骤。

（2）元数据概念模型。

元数据是对信息资源的规范化描述，它是按照一定标准，从信息资源中抽取出相应的特征，组成的一个特征元素集合。数据的种类可以从多个角度来划分。从数据规模角度，数据库包含的数据主要包括单个的数据实体和数据集；从数据类型角度，数据库内主要包含空间数据和属性数据两类。

以地理信息数据为例说明元数据模型的建立过程。根据"科学数据共享元数据内容"标准，地理信息数据集的元数据模型必须包含标识信息，其余子集虽为可选项，但均适用于地理信息领域，因此元数据模型需要包括所有可选项，即数据内容、数据分发、数据质量、数据表现、数据模式、参照系信息、图示表达目录信息、扩展、限制和维护信息。基于同样的原因，选择上述元数据子集的所有必选及可选实体和元素作为元数据模型的实体和元素，且不需要新建元数据子集、实体和元素。最终形成的地理信息数据集元数据模型框架如图 3.10 所示。

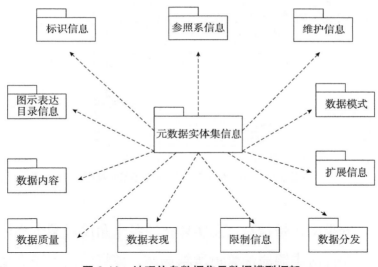

图 3.10　地理信息数据集元数据模型框架

（3）信息分类与编码方案。

信息分类与编码是依据信息内容的属性或特征，把信息按一定的原则或方法进行区分和归类，并将信息对象抽象为一定规律性的、易于识别与处理的符号。根据 SY/T 5785—2007《石油工业信息分类与编码导则》，提出适用于中缅原油管道的信息分类编码基本原则，设计信息分类编码体系。

① 信息描述模型。

图 3.11 给出了中缅原油管道信息描述基本模型，由分类结构、信息实体、实体属性以及实例三个层次构成，具体的管道信息描述模型可以基于此模型进行细化和拓展。

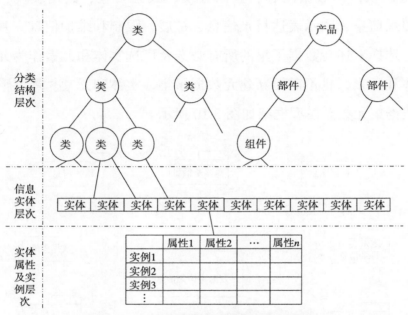

图 3.11　中缅原油管道信息描述基本模型

原型中的分类结构是指对信息实体按照各个角度对某个实体集合进行分类的总和，如针对中缅原油管道所辖场站，该场站由不同类型的设备形成一个分类树，从设备的隶属关系角度构成设备的 BOM 树等；信息实体包括管道信息中的所有被管理的信息对象，每个信息实体对应于一个属性表，表中的每一列描述该实体的一个属性，表中的每一行描述该实体的一个实例。在管道信息描述原型中分类结构、信息实体层次和实体属性及层次，构成了典型的层次关系。

② 编码体系设计方法。

针对上述管道信息描述模型，结合在数据元分析基础上定义的基本分类方式，构造分类编码体系，并进行具体的编码设计：针对分类结构中的每一个分类角度设置一种分类码，如油气管道单元分类、设备分类等，所有分类代码的最底层对象应是信息实体。

针对信息实体设置一个统一的实体标识码，信息实体的标识码必须统一，以便于信息实体的共享；针对每一个实体属性表，根据需要设置实例标识码，由于实例往往是在已经确定实体的前提下进行操作，各个实体属性表的实例标识码可以相互独立地进行设计；针对各个实体属性表中需要代码化的属性设置属性码，各个属性码相互独立设计。

3.4.4　云数据中心平台建立

建立中缅原油管道数据中心系统，形成数据目录服务，实现管道资产全生命周期管理、支持管道全数字化移交、管道领域信息化资源共享、支持大数据分析、工程监测、安全预警和应急指挥统一协调管理的需要。通过云数据中心的建立，实现不同信息系统集成化、平台化管理。主要构建以下 4 种平台。

（1）建立管道资产生命周期数据存储管理平台。

实现管道设计、采办、施工、验收、运行、维护各个阶段数据，按照融合后数据标准进行集中存储，打破各个信息系统壁垒，实现各系统、各业务领域审批完成的结果数据集成存储统一管理。

（2）构建管道领域数据共享平台。

通过集中多系统多类型数据源，建立统一的管道和设备设施数据模型，为各业务专业应用和分析应用提供标准统一的数据分享服务，满足信息系统之间数据共享的需求，实现跨业务领域的数据资源共享平台。

（3）大数据分析研发平台。

对 PB 级结构化、非结构化、自动化时序数据进行集中存储和高效处理，支持海量数据的实时动态加载，支持时序数据流计算处理能力，增加图形图像数据的处理、识别、分析手段，为进行业务分析和跨业务领域的综合并联分析，提供大数据分析研发平台。

（4）中缅原油管道软硬件资源平台。

为各个业务信息系统实现专业业务分析应用，提供数据存储能力、硬件计算分析资源、软件服务能力，支持专业业务分析功能实现，避免资源重复建设，提供软硬件环境的资源平台。

数据中心平台主要利用云计算技术进行搭建，以降低信息化建设成本。在总部实现全业务资源池数据集中存储，现场数据分级存储并与总部按需同步，地区公司与中油管道之间同步，各个地区公司之间不同步。可视化和管理分析功能统一建设部署，并向总部和地区公司提供应用服务。现场监视应用和现场数据存储在地区公司部署，软硬件技术方案与总部保持一致。业务用户主要使用综合展示、主数据管理、综合统计，数据分析等功能。工程建设、管道管理、生产运营等业务用户应用业务信息系统，通过界面集成和服务集成应用数据中心系统平台功能。规划计划应用数据中心系统平台的综合统计分析功能。

针对某一重点业务域进行云数据中心平台功能测试，需要业务部门和数据部门共同开展。数据中心系统管理人员，对系统平台数据应用规则进行管理和流程审批；运维团队对数据中心软硬件系统监控和运维工作；数据科学家团队针对专业问题，通过数据中心分析平台进行数据建模、算法开发、分析应用等工作。

3.4.5 分布式储存与大数据挖掘

通过建立数据湖，实现数据分布式存储和大数据挖掘。数据湖是一个数据存储库，通过原始数据分类存储到不同的数据池，然后在各个数据池中将数据整合转化为容易分析的统一存储格式进行存储，以便于用户对数据进行分析和利用，提高生产经济效益。

数据池是主要用于数据存放，一个数据池主要包含以下几种数据。

（1）原始数据。

原始数据池是单一数据湖，它的作用就是存储大量的原始数据。不会对其进行任何处理，很难从中提取想要的数据并进行使用。

（2）模拟数据池。

模拟数据池专门负责存放模拟数据，它主要是由机械设备产生的数据，一般为测量的数据、温度、湿度等。一般情况下都存储在记录或者日志磁带当中。

（3）应用数据池。

应用数据主要是执行一个应用或者事务时产生的数据，比如销售数据、支付数据、制造过程控制数据等。这种数据池专门负责存放应用数据。

（4）文本数据池。

文本数据池顾名思义是负责存放文本数据的，原始数据可能是一些不同来源、形式的文本数据。比如录音、邮件，甚至是一些物理设备产生的数据。在此类数据池中，数据可以根据感情分类进行存储，在数据池中需要预先设定不同情感的类别，然后新文本进入数据池时就会根据上下文语境确定情感色彩，找到相对应的类别，进行存储。

4 运行管控系统建设方案

运行管控系统建设是管道智能化运行、构建管道和站场数字孪生体的核心内容，是管道实现智能决策与优化的重要组成部分，包括山地管道在线仿真系统和山地管道瞬态优化系统两部分，是实现管道运行工艺参数和状态预测、回溯、全局运行工艺参数优化决策的核心，是沟通管道实体与数字孪生体的桥梁。特别是针对山地管道大落差地形，压能和位能转化大，易出现局部高点空化、弥合水击等特征，提出了一系列适用于山地管道的机理模型和智能决策模型，并形成了相应实施路线（图 4.1）。

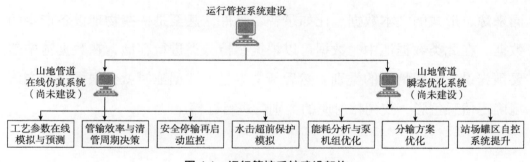

图 4.1 运行管控系统建设架构

4.1 山地管道在线仿真系统建设方案

山地管道在线仿真系统的建设需要结合中缅原油管道地形特征、输送油品性质等，建立包括工艺参数在线模拟与预测、管输效率与清管周期决策、安全停输再启动监控和水击超前保护模拟功能的中缅原油管道在线仿真系统。对中缅原油山地管道进行在线仿真监测，及时掌握管道内流体温度、压力和流量的变化，确定合理的管输效率和清管周期，安全进行停输再启动过程，同时建立水击超前保护，保障中缅原油管道安全智能化运行。

4.1.1　建设需求

中缅原油管道沿线 81% 为山区地段，管道沿线地形复杂、山高谷深，形成了大落差路段。可知全线落差超过 1000m 以上的大坡有 8 段，最大局部高差达到 1500m，地表径流大，表层土壤稀缺，沿线生态环境极其脆弱。中缅原油管道主要输送沙特阿拉伯轻质原油、沙特阿拉伯中质原油、科威特原油和伊朗重质原油。四种油品物性（表4.1）各不相同，均为含蜡原油，同时在大落差地区，受地形影响，进一步增加了山地管道在线仿真系统建设难度。

表 4.1　中缅原油管道输送油品物性

原油名称		科特威原油	沙特阿拉伯轻质原油	沙特阿拉伯中质原油	伊朗重质原油
20℃密度（g/cm³）		0.8665	0.8565	0.8664	0.8711
运动黏度（mm²/s）	10℃	—	—	—	28.4
	20℃	—	—	15.15	18.26
	40℃	—	—	—	9.26
	50℃	6.965	6.964	6.935	—
	80℃	4.525	3.199	—	—
凝点（℃）		−22	<−37	−31	—
倾点（℃）		—	—	—	−19
康氏残炭（%）（质量分数）		5.81	4.65	6.10	6.17
酸值（mgKOH/g）		0.07	0.03	0.12	0.216
灰分（%）（质量分数）		0.018	0.023	0.011	0.0298
胶质（%）（质量分数）		9.2	6.1	9.1	—
沥青质（%）（质量分数）		1.8	1.5	2.0	3.0
蜡含量（%）（质量分数）		3.8	4.5	3.5	10.7

管道和输送油品的上述特点导致与在线仿真相关的以下需求十分迫切。

（1）工艺参数在线模拟与预测。

① 在线仿真工作尚未开展，现有离线仿真软件既无法满足山地大落差管道工艺需求，也无法实现管道状态的实时在线优化调节、管网运行效率提升。

② 中缅原油管道是国际管道，目前建立了两套水力系统（国内和国外各一套），但现有的仿真系统并未分别对两套水力系统进行仿真。

③ 缺乏在线仿真技术和状态调整智能决策技术，实时工艺参数在线模拟与预测。

④ 中缅原油管道沿线曲折，穿跨越河流、隧道数目较多，增大了油流与管道之间的摩擦，造成动能的损耗加大，原油在输送过程中，原油与周围土壤存在温差，油流散热过程存在热能损失。工艺参数在线模拟与预测是管道能耗分析、优化运行的基础。

（2）管输效率与清管周期决策。

① 管道沿线地势复杂，含蜡原油输送过程中，低洼处更加容易出现蜡沉积，降低管输效率，导致管道堵塞。

② 管道沿线地势险要，部分山地区域车辆无法通行，一旦发生清管堵塞，抢险、修复困难，代价高。

③ 目前依赖经验制订清管周期，缺乏管输效率监测与清管周期决策方法。

（3）安全停输再启动监控。

① 原油在管道输送过程中，不可避免地会发生自然灾害、管线维修和油田停电等情况；另一方面受输量影响，也可能出现被迫间歇停输现象，因此在生产操作过程中会出现计划停输和事故停输。

② 管道停输过程中，油品溶解气、轻质组分容易在高点溢出、聚集，

管线停输后压力持续下降，增加再启动风险。

③ 中缅管道沿线落差大、静水压力高，管道停输过程中，沿线油品温降变化复杂，且再启动背压高，操作复杂。

④ 山地管道压力落差大，再启动背压高，停输再启动操作复杂。且缺乏有效的安全停输时间监控方法与软件。

（4）水击超前保护模拟。

① 管道地形起伏大，沿线容易出现不满流、局部高点空化、弥合水击。且在输送过程中，管道中的流动状态发生变化时易引发水击现象，对管道和设备造成严重影响。

② 山地管道高差大，压力能和位能转化大，管道压力、流量波动频繁，缺乏有效异常信号过滤手段，泄压系统参数有待优化。

③ 管道中的压力、流量波动容易引发泄压阀的误动作，造成泄压罐冒顶等事故。泄压系统建设成本和维护成本过高，但使用频率非常低。

④ 在控制系统中只能通过流量开关得知泄压阀的开关，且无法自由地主动控制泄压阀开关。部分站场泄压系统中泄压阀选型不合适，导致泄压过程中泄压罐冒顶或泄压阀故障无法正常开启。

⑤ 水击压力波的呈衰减振荡式传播导致泄压阀处于频繁开关的状态。

4.1.2 建设目标

通过分析中缅原油管道在管道在线仿真的特点，并结合中油管道顶层设计的建设需求，提出山地管道在线仿真系统的建设目标。由工艺参数在线模拟与预测、管输效率与清管周期决策、安全停输再启动监测和水击超前保护模拟 4 个功能组成。

（1）功能一：工艺参数在线模拟与预测。建立以流体力学仿真为核心、大数据挖掘技术和智能决策系统为支撑的山地管道在线瞬态仿真系统，准确模拟、预测管道运行压力、温度、流量等工艺参数。

① 实现管道在线监测数据及时共享，管道及管道上下游数据共享，便于调度专业分析，并充分利用当前管道运行海量数据，挖掘管道运行潜在逻辑规律，形成专家知识库。

② 利用在线瞬态仿真过程，预测管道的运行状态、制订管输计划方案、管道运行状态调整方案，分析管道运行能耗。

③ 建立大落差输油管线工艺机理模型，利用 SCADA 系统，结合专业计算，逐步实现由离线瞬态仿真到在线瞬态仿真的技术发展，实现管道运行状态的在线优化。

④ 建立山地管道系统多学科组合仿真平台，全面、真实模拟管道复杂工况。

⑤ 提升管道核心专业计算如储存计算、输差损耗计算的计算效率和计算频率，为管道运行分析和潜在运行逻辑发现提供更丰富数据，辅助决策支持。

⑥ 实现管道状态预测结果的可视化。

（2）功能二：管输效率与清管周期决策。建设以瞬态仿真技术为支撑的山地管输效率与清管周期决策模型，在线显示管输效率并优化清管周期。

① 建立适合于复杂地形山地管道的管输效率、清管周期的预测方法。

② 完善山地管道管输效率和清管周期的数据监测系统。

③ 实时计算管输效率，实现清管周期的综合性预判，支撑山地管道清管周期决策科学化。

④ 实现山地管道管输效率、清管周期结果、报警信息可视化。

（3）功能三：安全停输再启动监控。建设以停输再启动过程安全评价方法为核心，以瞬态仿真技术为支撑的停输再启动监控与决策方案。

① 基于全面感知和管道仿真技术，结合山地管道沿线地势复杂的特点，建立山地管道停输再启动模型，得到不同油品相应的安全停输时间和

再启动压力，形成有效的停输时间和启动压力监控与判断方法。

②完善山地管道安全停输再启动监测系统，通过对停输后沿线油品压力、温度实时监测，实时预测管段停输安全性。

③实现山地管道停输预测结果、停输安全风险、报警信息全面可视化。

（4）功能四：水击超前保护模拟。建设以管道压力、流量信号数据处理方法和泄压系统参数综合优化方法为核心，以瞬态仿真技术为支撑的泄压系统建设方案。

①根据管道运行参数、全面优化泄压系统配置参数，保证泄压系统安全。

②根据管道历史运行参数和大数据分析，开发管道系统异常泄压信号过滤方法，实现泄压系统的自主安全、可控。

③管道数据实时上传，根据大数据分析是否会发生水击和发生水击后的最佳解决方案。

④泄压阀完全自动可控，在发生水击时可通过 SCADA 系统提前开启泄压阀泄放压力。

4.1.3 功能组成

4.1.3.1 工艺参数在线模拟与预测

（1）在线仿真流程。

目前，长输管道的离线仿真软件都是基于"白箱"理论建立的 [5]。所谓"白箱"，指的是用数学模型来描述实际站场内的泵、阀门等设备的工作特性曲线，由这些数学模型动态计算站场提供的压力、温度、流量等水力数据，真实地反映正确的工艺流程。中国某成品油管网离线、在线模型与实际站场的工艺流程完全一致，在离线和在线模型中建立了与实际站场对应的泵、阀门、油罐、流量计、过滤器、管道、短管等。

"白箱"离线模型与"白箱"在线模型在模型组态上完全一致，这就是在线仿真的核心。在线模型的数据驱动源来自 SCADA 实时数据。例如阀门的开关状态，在离线模型中需要操作员进行开关操作的定义，而在在线模型中，从 SCADA 实时数据得到的是开或关状态，则在线模型中就会显示对应的状态。

工艺参数在线模拟与预测仿真流程为：现场的压力变送器、流量计等仪表数据传输到站控 PLC 系统，再通过 SCADA 系统内部的通信协议传输到调度控制中心的 SCADA 服务器，在线仿真模拟从 SCADA 服务器获得模型驱动所需要的实时数据，将从现场仪表采集到的数据状态称为"工艺状态"，将传输到 SCADA 系统并存储的数据状态称为"SCADA 状态"，将在模型中使用的数据状态称为"模拟状态"。

（2）数学模型。

原油在管道内的流动属于不稳定流动过程，为了准确描述其流动变化，需要建立其控制方程组，主要由连续性方程、动量方程、能量方程构成。如果需要考虑批次的变化，还需要建立浓度扩散方程、批次及组分跟踪方程。

连续性方程：

$$\frac{\partial V}{\partial t} + V\frac{\partial V}{\partial x} + g\sin\alpha + \frac{1}{\rho}\frac{\partial p}{\partial x} + \frac{fV^2}{2D} = 0 \qquad (4.1)$$

动量方程：

$$\frac{1}{\rho}\frac{\mathrm{d}p}{\mathrm{d}t} + a^2\frac{\partial V}{\partial x} = 0 \qquad (4.2)$$

能量方程：

$$\frac{\mathrm{d}(CT)}{\mathrm{d}t} - \frac{p}{a^2\rho^2}\frac{\mathrm{d}p}{\mathrm{d}t} = \frac{f|V|^3}{2D} - \frac{4K}{D\rho}(T-T_0) \qquad (4.3)$$

浓度扩散方程：

$$\frac{\partial c}{\partial t}+u\frac{\partial c}{\partial x}=\frac{1}{r}\frac{\partial}{\partial r}\left(rD\frac{\partial c}{\partial r}\right)+\frac{\partial}{\partial r}\left(D\frac{\partial c}{\partial x}\right) \tag{4.4}$$

批次及组分跟踪方程：

$$\frac{\partial mc_i}{\partial x}+S\frac{\partial \rho c_i}{\partial t}=0 \tag{4.5}$$

对于中缅原油管道的智能化运行和在线仿真，只需要上述式（4.1）至式（4.3），其中，D 为管道直径；C 为流体介质的比热容；a 为声速；ρ 为流体介质的密度；K 为总传热系数；r 为管道截面径向与管心的距离。需要求解的变量为压力（p）、温度（T）、流量（V）。如果需要考虑油品批次变化，则需要额外补充式（4.4）至式（4.5），新增变量包括油品的批次质量（m）、沿线油品浓度（c）等多个未知变量，获得这些变量值不仅需要求解一系列的偏微分方程组，同时还需要与沿线压力、温度、流量相互耦合才能得到。

（3）边界条件。

①压力—压力（p—p）边界条件。

模型运用已测得的 SCADA 压力值，假设测量值可用，在任一管段的末端处（即管道主干线上有压力仪表检测的地方，多为站场入口端），使用该测量值作为模型的驱动边界值，若所测压力值不可用，该点处的模型限制条件将转化为用该位置处的流量值来进行驱动，或运用模型计算管道临近截面的压力值。同理，若泵站处的压力测量不可用（亦无其他压力测量值可用），模型必须表明所测 SCADA 数据是错误的。

不同管段处，在调试的初始阶段模型计算所得到的流量可能会有差别，但是在经过良好调节的模型内，计算所得流量值差别很小，通常"p—p"模型在泄漏检测中运用较多。

②基于压力—流量（p—F）和流量—压力（F—p）模型在线仿真。

对于较复杂管道（支线、环线、压缩机、泵站、阀门、多处接收和多处加压）而言，F—p 模型由上游的流量和下游压力驱动。p—F 模型通常由上游压力和下游流量驱动。在使用该模型时，即使 SCADA 数据存在严重错误流量和压力值仍然合理可用，同时流量错误全部集中在压力驱动限制条件方面，这就便于批次位置的跟踪。

对于中缅原油管道（瑞丽首站—芒市泵站—龙陵泵站—保山泵站—弥渡泵站—禄丰分输站—安宁末站），应用该策略的方式示例是，在瑞丽首站运用出站压力，芒市泵站运用下载流量和出站压力，龙陵泵站运用下载流量，保山泵站运用下载流量和出站压力，弥渡泵站运用下载流量，禄丰分输站运用下载流量，安宁末站运用下载流量等参数来驱动管道模型的计算运行（图 4.2）。

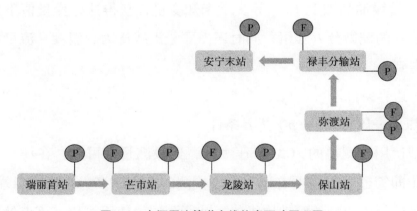

图 4.2　中缅原油管道在线仿真驱动原理图

P—压力表；F—流量计

上述模型主要是机理模型，随着大数据和人工智能技术的发展，也出现了基于大数据相似度匹配和拟合的仿真方法。这些方法可以与机理模型结合，进行高效率的在线仿真。

4.1.3.2　管输效率与清管周期决策

管道效率是衡量管道运行情况的重要指标，管道效率是当前输量和清管后第一天输量的比值。对于蜡沉积管道，随着管道运行时间增加，管道内蜡沉积层逐渐增厚，管道有效流通面积逐渐减小，当管道输送压力恒定时，管道的输量会逐渐减小，清管器卡堵的风险也会逐渐加大。因此，可以用管道效率来确定合理的清管周期。

（1）机理模型。

对于清管周期预测，目前国内外学者主要以在线仿真技术为依托，建立重质组分沉积动力学模型，分析不同油品、输量、输送时间条件下的重质组分沉积量及管输效率，决策安全、经济清管周期。

①管输效率分析模型。

当管道中发生蜡沉积时，管道沿程水力摩阻可以表示为

$$h_{fw} = \frac{8\lambda L_{wax}Q_{wax}^2}{\pi^2 g d_{wax}^5} + \frac{8\lambda L Q_{wax}^2}{\pi^2 g d^5} = \frac{8\lambda L}{\pi^2 g}\left[\frac{L_{wax}Q_{wax}^2}{g d_{wax}^5(W,t)} + \frac{L_0 Q_{wax}^2}{d^5}\right] \quad （4.6）$$

式中 h_{fw}——蜡沉积后管道的沿程水力摩阻，m；

L_{wax}——结蜡管段的长度，m；

L_0——没有发生结蜡管段的长度，m；

Q_{wax}——结蜡后管道输量，m^3/s；

d_{wax}——结蜡管段的当量内径，与蜡沉积速率和管道运行时间有关，m；

W——蜡沉积速率，$g/(m^2 \cdot h)$；

t——管道清管周期，d。

通过以上分析可以得到，管段输送效率与蜡沉积后的当量管径有关；蜡沉积速率越大，清管周期越长，d_{wax}越小，相应的管段输送效率也会减小。因此，可将管段输送效率作为确定清管周期的指标。当管道运行条件一定时，管道的输送效率与蜡沉积速率和管道运行时间有关。根据俄罗斯输油管道运行技术标准中规定，当管道输送能力下降3%时，应进行紧急清管，所以效率模型的阈值可设置为97%。当管输效率小于阈值时，通过

大数据平台，实现预警信息可视化。

②多约束条件清管周期优化。

通过机理模型得到不同条件下的管输效率变化规律，将管道输送效率作为确定山地管道清管周期的标准，并建立基于管输效率的清管周期计算方法。

$$\frac{Q_{wax}}{Q}=\sqrt{\frac{L/d^5}{L_{wax}/d^5_{wax}(W,t)+L_0/d^5}} \geq \eta_{min} \tag{4.7}$$

$$d_{wax}=d-2\delta(t)=2\sum_{i=1}^{t}\delta_i=2\sum_{i=1}^{t}\frac{24W\pi d^2_0}{\rho_{wax}\pi d^2_{i-1}} \tag{4.8}$$

式中　　η_{min}——管道效率阈值，无量纲；

$\delta(t)$——一个清管周期 t 内的结蜡层厚度，通过累加每一天的结蜡层厚度得到，m；

δ_i——清管后第 i 天形成的结蜡层厚度，m/d；

W——结蜡速率，g/(m^2·h)；

d_0——管道的内径，m；

d_{i-1}——清管后第 $i-1$ 天的当量内径，m；

ρ_{wax}——蜡的密度，kg/m^3（取 900kg/m^3）。

同时，建立山地管道清管周期安全约束条件，保证清管安全性[23]。约束条件为

$$\begin{cases} p_Z \geq p_{min} \\ p_R \leq p_{max} \\ T_Z \geq T_{min} \\ T_R \leq T_{max} \\ Q \geq Q_{min} \\ \delta_{max} \leq 2mm \end{cases} \tag{4.9}$$

式中　　p_Z——进站压力，MPa；

p_{min}——最低进站压力，MPa；

p_R——出站压力，MPa；

p_{max}——最高出站压力，MPa；

T_Z——进站温度，℃；

T_R——出站温度，℃；

T_{max}——最高出站温度，℃；

Q——输量，m³/h；

Q_{min}——管道的允许最小输量，m³/h；

δ_{max}——管道沿线最大蜡沉积厚度，mm。

综上所述，山地管道管输效率和清管周期决策机理模型是以在线仿真技术为依托，结合管道蜡沉积预测技术，综合考虑管道运行的经济性和安全性，实现管输效率可视化、管输压力优化控制以及确定合理的清管周期。

（2）智能决策模型。

除了机理模型之外，也可以建立基于 BP 神经网络法和最小二乘支持向量机法等数据预测模型，预测中缅原油管道蜡沉积情况，优化管输效率并得到合理清管周期。

4.1.3.3　安全停输再启动监控

中缅原油管道沿线地形复杂、山高谷深，形成了大落差路段。由于计划检修或事故抢修等原因，原油管道往往存在着停输情况。为实现中缅原油管道智能化运行，首先，建立停输过程中原油—土壤非稳定传热模型、停输温降模型和再启动输量—压力计算数学模型，对中缅原油山地管道停输再启动相关参数进行计算，并预测不同季节、不同油品输送的合理停输再启动时间。其次，建立数据监测系统，对影响山地管道停输再启动的因素进行收集和处理。最后，以在线仿真技术为基础，开发适合于山地管道安全停输再启动数据挖掘与融合模块、管道停输再启动过程模拟模块、安全停输再启动压力预测模块、安全停输时间预测模块以及安全停输再启动泵机组调控模块。形成原油管道停输再启动仿真技术，实现山地输油管道安全停输时间、管道安全启动压力预测、管道安全停输维检修时间优化以及泵机组安全启停时机等功能。山地管道停输再启动分析模型架构如图4.3所示。

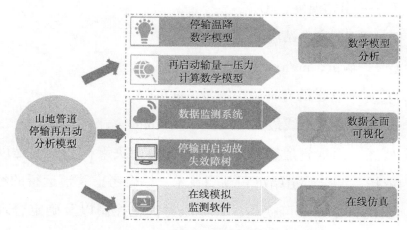

图 4.3　山地管道停输再启动分析模型架构

（1）停输过程原油—土壤非稳定传热模型。

为保障中缅原油管道安全经济地运行，以原油管道正常运行工况为基础，建立适用于中缅原油山地管道停输过程中原油—土壤非稳定传热模型并求解，计算不同停输时间下管道的沿程温度。中缅原油管道停输温降过程属于非稳态传热过程，由于管道停输后轴向的温度梯度相对径向温度梯度小很多，在计算时可忽略不计，进而将三维非稳态传热问题简化为管道截面上的二维非稳态问题进行研究。忽略管道轴向温降，考虑热力影响，建立土壤中导热量与管道内流体换热量平衡的数学模型，考虑物性参数、油温沿径向的变化等因素建立数学计算模型见式（4.10）至式（4.12）。

结蜡层传导方程：

$$\frac{\partial T_y}{\partial t} = \frac{\lambda_y}{\rho_y C_y} \left(\frac{\partial^2 T_y}{\partial r^2} + \frac{1}{r} \frac{\partial T_y}{\partial r} \right) \tag{4.10}$$

土壤热影响区域方程：

$$\frac{\partial T_s}{\partial t} = \frac{\lambda_s}{\rho_s C_s} \left(\frac{\partial^2 T_s}{\partial r^2} + \frac{1}{r} \frac{\partial T_s}{\partial r} \right) \tag{4.11}$$

油流和结蜡层的边界条件：

$$\begin{cases} r=R_n \\ \alpha_y (T_y - T_w) = -\lambda_y \left(\frac{\partial T_v}{\partial r} \right)_w \end{cases} \tag{4.12}$$

其中，外界土壤和土壤热影响区的边界条件：

$$r=R_h$$

$$T_v = T_o$$

式中　　T——温度；

　　　　t——停输时间；

　　　　λ——传热系数；

　　　　ρ——密度；

　　　　C——比热容；

　　　　r——管道截面径向与管心的距离；

　　　　R——管道半径；

　　　　α——对流换热系数；

　　　　下标 y，w，s——油流平均温度下各参数、管壁平均温度下各参数、
　　　　　　　　　　　　土壤影响区各参数。

（2）再启动输量—压力计算模型。

管道停输后的再启动过程是一个管内存油被顶挤、各项流动参数逐渐恢复到正常工况、同时还伴随着原油的流动与传热、水力与热力耦合以及管内介质与管外土壤环境互相影响的非稳态过程。再启动过程中，水力、热力均处于不稳定状态，二者相互影响，水力的不稳定状态可采用工艺参

数预测与模拟中的运动方程和连续性方程描述，热力的不稳定状态采用油流换热方程描述。

油流热平衡方程：

$$\frac{\partial T_v}{\partial t} = V \frac{\partial T_y}{\partial z} + \frac{4\alpha_y(T_v - T_w)}{\rho_y C_y d} = 0 \tag{4.13}$$

凝油层传导方程：

$$\frac{\partial T_y}{\partial t} = \frac{\lambda_y}{\rho_y C_y}\left(\frac{\partial^2 T_y}{\partial r^2} + \frac{1}{r}\frac{\partial T_y}{\partial r}\right) \tag{4.14}$$

土壤热影响区域方程：

$$\frac{\partial T_s}{\partial t} = \frac{\lambda_s}{\rho_s C_s}\left(\frac{\partial^2 T_s}{\partial r^2} + \frac{1}{r}\frac{\partial T_s}{\partial r}\right) \tag{4.15}$$

油流和结蜡层的边界条件：

$$\begin{cases} r = R_n \\ \alpha_y(T_y - T_w) = -\lambda_v\left(\dfrac{\partial T_v}{\partial r}\right)_w \end{cases} \tag{4.16}$$

式中　　z——轴向距离；

　　　　V——传递速度。

将上述热传导方程与管道在线仿真的水力、热力参数模型进行耦合求解，即可得到停输再启动过程中的压力变化。

（3）停输再启动在线仿真。

以在线仿真技术为基础，开发适合于山地管道安全停输再启动软件模块。包括数据挖掘与融合模块、管道停输再启动过程模拟模块、安全停输再启动压力预测模块、安全停输时间预测模块以及安全停输再启动泵机组调控模块。形成原油管道停输再启动仿真技术，实现山地管道的工艺流程的显示、山地管道安全停输时间预测分析、管道安全启动压力预测分析、正常工况管道安全停输维检修时间优化、事故工况管道停输再启动安全检修时间优化以及泵机组安全启停时机预测等功能。例如：在最低环境温度下选取事故停输与计划停输两种状态进行模拟计算，选取不同的停输时间对管道进行再启动，观察管道中间站及末站进站温度的变化，以进站温度达到油品凝点为准，从而确定了输油管道停输再启动的时间。

4.1.3.4　水击超前保护模拟

输油管道的密闭输油流程使管道全线成为一个统一的水动力系统，因此管线正常运行时，当管道中的流体流速因泵启停、流量变化、流程切换等各种内部或外部原因发生剧烈变化时，由于液体的流动惯性和液体的不可压缩性将会产生一个增压波向管道的上游传播，导致管线中的压力迅速升高，这种迅速升高的压力甚至会超过管道的设计压力；相应地会产生一个减压波向管线的下游传播，同时可能会导致管线中某处出现负压，或者导致下游泵机组发生气蚀，管道沿线高程起伏较大的管线中液体汽化。中缅原油管道沿线落差大，水击过程中更加容易出现高点处的低压引发油品汽化，以及低点处的高压导致管道超压。

中缅原油管道现有的泄压系统中，输油首站只需要考虑出站压力的安全，输油末站只需要考虑进站压力的安全，中间站则需要兼顾进出站压力的安全。通过对中缅原油管道中的泄压系统进行统计分析，可根据站场将泄压系统分为3种典型泄压流程：进站泄压流程、出站泄压流程和进出站泄压流程。当来油方向的压力超压时，进站泄放管线上的泄压阀打开，油品流入泄放管，通过减少流量的方式来降低压力；当下游传来增压波时，出站泄放管线上的泄压阀被打开，油品通过出站泄放管线进入泄放罐，以此来削弱增压波。

水击产生的过程本质上是油品在管道内不稳定流动产生的。因此水击的超前保护及分析完全可以依托在线仿真系统进行模拟和预判。通过建立水击泄压系统仿真模型，利用瞬态仿真技术分析压力波的传递以及流量的变化，优化泄压阀开启阈值、泄压阀口径和泄压罐液位等参数，从而达到超前泄压的目的。

以龙陵—保山—弥渡管段为对象建立模型，模拟当保山站后的 $15^{\#}$ 阀室突然关闭产生的水击影响，保山站稳定输量为 $1300 \times 10^4\, t/a$，设计压力为 5.0MPa。当水击发生后，泄压阀开启，孔口泄压流量达到 $25m^3/min$，一组 $100m^3$ 的泄压罐只需 4min 即可装满。泄压阀开启后，管内压力下降，30s 后管道压力下降到设计压力为 5.0MPa，总泄放量达 $17m^3$。通过对水击工况进行仿真模拟可确定安全系统启动时间，在中缅已有管道安全系统的停泵和保护调节的方法进行水击超前保护中，合理有效地进行水击超前泄压保护。

4.1.4 实施路线

为完成中缅原油管道运行管控建设方案技术路线，从工艺参数在线模拟与预测功能、管输效率与清管周期决策功能、安全停输再启动监控功能和水击超前保护模拟 4 个功能，建立实施路线。

（1）工艺参数在线模拟与预测功能实施路线。

山地管道工艺参数在线模拟与预测功能建设实施路线如图 4.4 所示。首先对油品物性、油品运行、地理、管道运行、管道结构等数据进行感

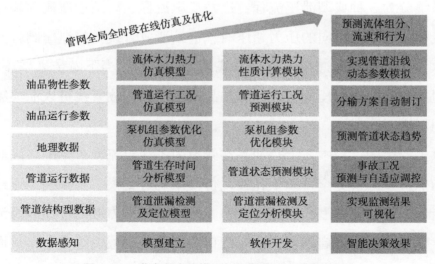

图 4.4　工艺参数在线模拟与预测功能建设实施路线

知，以感知得到的数据为基础，建立流体水力热力仿真、管道运行工况仿真、泵机组参数优化仿真、管道生存时间分析、管道泄漏检测及定位等功能模型。为简化功能模型的计算过程，需开发相应的功能模块，最终达到预测流体组分、流速和行为、管道沿线动态参数模拟、分输方案自动制订、管道状态趋势预测、自适应调控和实现监测结果可视化等智能决策结果。

（2）管输效率与清管周期决策功能实施路线。

通过感知管输介质、压力温度、清管器运行速度等参数，建立蜡沉积动力学、管输效率计算和清管周期智能决策等模型，开发包含管道运行状态监测、清管器位置跟踪、管输效率分析等模块的仿真软件，实现管输效率及清管周期的优化，实施路线如图4.5所示。

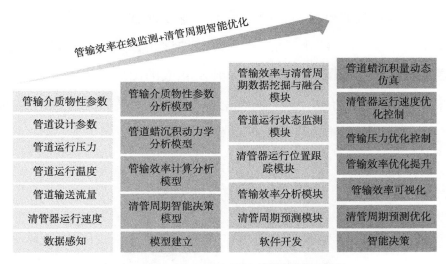

图4.5　管输效率与清管周期决策功能实施路线

（3）安全停输再启动监控功能实施路线。

为实现山地管道安全停输再启动监控与功能，从数据感知、模型建立和软件开发出发，提出具体的实施路线，最终实现山地管道安全停输再启动智能决策（图4.6）。

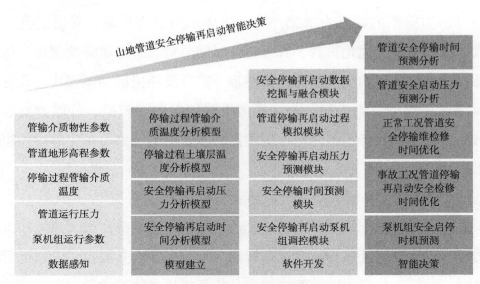

图 4.6　安全停输再启动监控功能实施路线

（4）水击超前保护模拟实施路线。

结合技术路线的方法与手段，提出中缅原油管道水击超前保护模拟功能建设实施路线（图 4.7），通过对大落差地形、管输流体性质等数据的感知，建立泄压阀、泄压罐仿真模型，开发相应的山地管道水击超前泄压仿真软件，最终实现弥合水击传播智能分析、水击波传输速度与时间的精准预测、泄压罐防冒顶排液量优化等一系列智能决策功能。

图 4.7　水击超前保护模拟实施路线图

4.2 山地管道瞬态优化系统建设方案

山地管道瞬态优化系统，结合了中缅原油管道地形特征、输送油品性质等，建立包括能耗分析与泵机组优化、分输方案优化和站场罐区自控系统提升功能的中缅原油管道瞬态优化系统。对中缅原油山地管道进行瞬态优化调整，及时制订最优泵机组调度方案、最优分输方案以及最优站场罐区自控系统控制方案，达到中缅原油管道自动制订最优调度，同时保障管道安全、经济、高效的运行。

4.2.1 建设需求

中缅管道运行系统庞大、复杂，管道运行受多方面因素影响，存在人为主观和经验决策进行管道运行调度决策等问题，不满足中缅管道智能化需求。而随着计算机技术、现代仿真技术、智能算法等新型技术的快速发展，使得中缅山地管道运行优化方案建设成为可能。管道和输送油品的上述特点导致与在线仿真相关的以下需求十分迫切。

（1）能耗分析与泵机组调度。

①中缅原油管道建设所处地形起伏剧烈，翻越点多且落差大，导致管道能耗高。全线采取常温密闭输送方式，其能耗主要来自输油泵给原油提供动力所消耗的电量。

②国内对输油管道优化研究起步较晚，对于常温密闭输送管道进行优化技术建设，缺少理论指导依据，运行调度无明确的建设方案。

③山地管道运行工况影响因素多，开泵运行方案人为依据经验制订，科学与智能决策水平有待提升。

④管道在运行过程中需要根据输送任务、油品输量、售价等因素调整管道运行、分输方案，实现管道能耗最低、收益最高、安全性最好的

目标。

⑤ 根据管道实际运行状况可知，中缅原油管道缺乏智能调度决策方案，调度计划人为制订，运行调度自动化程度不高。

（2）分输方案制订。

① 中缅原油管道运量大，运距长，涉及的设施及系统规模比较大。全线设置输油站场 12 座，其中泵站 8 座，站场包含有过滤器、流量计、输油泵、阀门等设备。因此中缅原油管道的建设和运行，需要大量的投资和经营费用。

② 山地管道所处环境恶劣，管道压力、输量、分输计划受其影响不断变化。

③ 管道分输方案决策优化复杂，分输方案涉及经济、安全等多方面因素，目前主要依靠人工制订方案，效率低。

（3）站场罐区自控系统。

① 中缅管道站场罐区仪表智能化不足，数据精确度不高，存在极大误差。

② 罐区部分功能如收发油作业、取样检测作业、计量作业，仍采用人工作业，操作难度大，风险高。

③ 数据信息管理系统建立不完善，数据无法共享，造成大量的数据资源浪费。

4.2.2　建设目标

从能耗分析与泵机组优化、分输方案优化和罐区自动化提升等方面考虑，实现能耗分析与预测、能耗数据实时远传、管道上下游数据共享、罐区自控系统提升等功能，从而实现管道安全平稳高效运行。

（1）功能一：能耗分析与泵机组优化。实现最优泵机组组合运行方案、管输计划方案的自适应优化，实现管道智能决策调度。

①　对站场、管线运行监控，研究出可反映管道运行的能耗监测指标，实现综合能耗预测。

②　自动制订管道的最优泵机组组合运行方案，并对管网能耗进行实时分析，降低管网运行能耗。

③　实现能耗数据实时远传，主要动力设备单体计量数据实时远传，为设备效率进一步分析提供基础。

④　计算设备工况运行效率曲线，并结合设备运行数据和出厂检测数据，进行设备运行监测。

⑤　研究出可反映管道运行的能耗监测指标，利用大数据技术，进行运行监测。

（2）功能二：分输方案优化。降低管道运行能耗和成本，原油单位周转量综合耗能控制在 38kgce[❶]/（10^4t·km）以内。

①　建立管道实时瞬态优化模型，实现瞬态优化运行结果可视化。

②　自动制订管输计划方案、实现管道智能决策调度。

③　引进智能传感设备，精简人员，利用物联网技术实现数据共享。

④　使原油单位周转量综合耗能 38kgce/（10^4t·km）以内，从而降低管道运行成本，使原油单位管输现金成本控制在 48 元/（t·km）以内。

（3）功能三：站场罐区自控系统提升。完善逻辑控制程序，在智能检测仪器的支撑下，实现罐区数据的全面感知、自动取样及收发油控制。

①　建设罐区调度系统，由人工经验调度变为自动调度，实现一键收发油。

②　检测方式方面由手工取样向在线连续自动测量转变。

③　将油品化验系统与生产管理系统融合互联。

---

❶ kgce 代表能源消耗量，即千克标准煤。

4.2.3 功能组成

4.2.3.1 能耗分析与泵机组优化

能耗在管道运行的技术经济指标中起主导作用。因此，需要对管输用能过程进行准确描述，并构建完善科学的管道耗能评价体系，以期有效实现管道系统运行的高效低耗。目前，能耗分析与泵机组优化主要是基于数学优化理论，建立包含目标函数、约束条件的数学优化模型，采用数学优化算法、混沌算法、人工智能算法求解模型。原油管道能耗测算主要有公式计算和统计分析两种方法。

（1）机理模型。

中缅原油管道能耗分析和泵机组优化机理模型是以沿线泵站动力费用总和最少为目标函数，建立开泵组合方案优化模型，采用动态规划算法、遗传算法、模拟退火算法混合求解模型。

①目标函数。

原油管道运行中的能耗损失主要有两种：一种是由站子系统（加热炉和泵）引起的能耗损失，另一种是由管道子系统引起的能耗损失。因此，在建立每个子系统的分析模型的基础上，将系统的最小总能耗损失作为优化目标函数，通过使用可以得到每个子系统在一定运行条件下的最小能耗损失集。式（4.17）显示了优化的目标函数：

$$\min_{\mathrm{EL,sys}} = (E_{\mathrm{xL,i1}} + E_{\mathrm{xL,i2}} + E_{\mathrm{xL,i3}}) \tag{4.17}$$

式中　　$\min\limits_{\mathrm{EL,sys}}$——最小能耗损失；

　　　　$E_{\mathrm{xL,\ i1}}$——加热炉的能耗损失；

　　　　$E_{\mathrm{xL,\ i2}}$——泵的能耗损失；

　　　　$E_{\mathrm{xL,\ i3}}$——管道的能耗损失。

②决策变量。

从模型的目标函数可以看出，优化问题的决策变量包括油温、压力、不同输油站输油泵及加热炉等设备的组合方案和运行参数。以最小的原油管道总能耗损失为目标，对整个原油管道系统进行了分析。其中，原油管道的能耗损失与管道中的油流量、泵功率、加热炉出口温度等参数有关。当管道输量恒定时，压力、温度以及初始站的泵和加热炉的布置都会影响管道的能耗损失。因此，将泵、加热炉等设备的组合方案，以及每个站中输油的温度和压力的组合定义为决策变量，见式（4.18）。

$$X = (T_i, p_i, \boldsymbol{\delta}, \boldsymbol{\gamma}) \tag{4.18}$$

式中　　T_i——每个站的输油温度；

　　　　p_i——每个站的输油压力；

　　　　$\boldsymbol{\delta}$——输油泵的运行状态向量；

　　　　$\boldsymbol{\gamma}$——加热炉的运行状态向量。

③约束条件。

为了确保整个管道和设备的安全运行，管道和设备的运行参数必须在允许范围内，换言之，要满足一系列的约束条件，主要包括入口压力约束、出口约束、压力约束（管道强度约束）、全线液压约束、出口油温度约束、入口油温度约束、加热炉热负荷约束、输油泵功率约束。

（2）优化算法。

在长距离输油管道的优化问题中，决策变量包括输油泵的开启状态变量，是离散变量，出站温度、出站压力是连续变量，所以长输管道优化问题也属于混合变量优化设计问题，同时优化问题的目标函数和约束条件中都包括了非线性项，所以该问题也属于非线性最优化问题。目标函数的全局最优解可以通过考虑各个子系统的设备和参数的最佳匹配，同时最大限度地减少系统的能耗损失来获得。采用多目标非线性优化算法来优化管道的运行参数，从而确定每种设备（泵、加热炉）组合方案的最佳运行参数。

（3）人工智能模型。

为实现最优泵机组组合运行方案、管输计划方案的自适应优化，建立能耗分析和泵机组优化的人工智能模型。基于管道历史运行数据，应用数据挖掘技术，获得不同工况下的最优运行方案。泵机组最优开泵方案程序如图4.8所示。泵机组最优开泵方案的制订，需要融合原有管道的历史数据和过程数据进行综合分析，通常需要连续分析某个较长时间段内整条管道能耗情况和泵机组使用方案的历史信息。这些数据信息密度低，人工处理难度较大。通过数据挖掘算法进行能耗情况和泵机组使用方案专业分析，降低泵机组开启能耗。通过区域维度数据对比分析，可以发现不同管理模式、运行人员、维护策略之间的优劣，最终获得最佳运行策略，实现最优泵机组组合运行方案、管输计划方案的自适应优化以及管道智能决策调度。

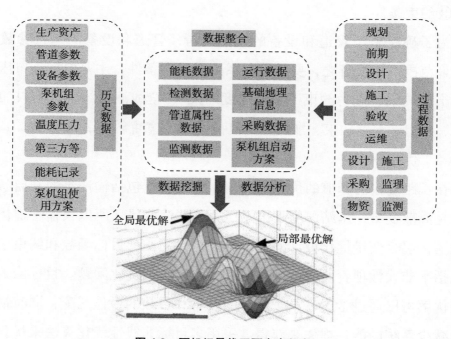

图4.8　泵机组最优开泵方案程序

4.2.3.2　分输方案优化

中缅原油管道是由长输管道、油库、计量站、泵站等站库及多种设备构成的复杂的生产系统。该系统运行能耗高，调度难度大，运行优化空间大，实现该系统优化运行调度对于降低生产能耗、提高生产效率、保证管道安全平稳运行有着重要的意义。在油气管道分输方案优化方面，虽然我国已在管网分输技术方面有了重大的进展，但是我国长输管道分输与运行优化技术仍与国外技术及其形成的商业仿真软件（如 SPS、TGNET、Syner GEE–GAS 等）存在一定的差距。传统的分输方案制订以输油管道全线总能耗费用最小（即收益最大）为目标函数，以管道全线各站出站温度和泵组合方案作为决策变量，以流量、泵机组特性等为约束条件，建立管道分输方案优化数学模型。人工智能模型与传统模型相比，具有鲁棒性好、便于应用多目标优化等优点。蚁群算法常用于分输方案制订问题。机理模型和智能算法相互融合，取长补短，以提高管网分输参数计算的求解速度和准确性。管网分输方案制订的一般流程如图 4.9 所示。

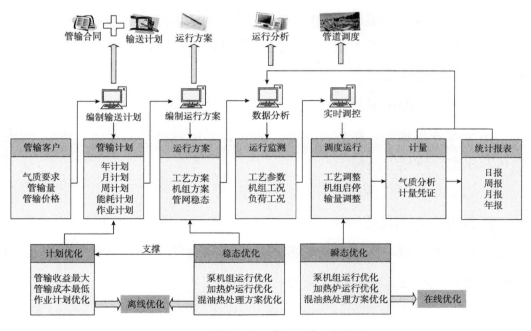

图 4.9　管网分输方案制订的一般流程

（1）机理模型。

中缅原油管道采用密闭输送方式，管道的运行能耗主要来自动能消耗。优化问题的决策变量包括不同输油站的输油温度、输油泵等设备的组合方法和运行参数。

为了保证通过优化计算得到的方案能够满足实际的输油工艺要求，安全完成输送任务，要求设计变量和某些设备的运行参数在一定的范围内，即满足一定的约束。管道优化运行所需满足的约束条件包括输量约束、设备运行能力的约束等。

在长距离输油管道的优化问题中，决策变量包括输油泵的开启状态变量（离散变量），出站温度、出站压力（连续变量），所以长输管道优化问题也属于混合变量优化设计问题，同时优化问题的目标函数和约束条件中都包括了非线性项，所以该问题也属于非线性最优化问题。根据该问题的本质特征，即设备（泵机组）的组合方案优化问题，确定设备组合方案后，进一步确定管道的运行参数，包括出站温度和出站压力等。其中设备的组合方案占据主要，参数优化要在设备组合方案优化的基础上完成，而参数优化的结果又会影响设备组合方案的优化过程，所以两个问题之间相互耦合，需要进行迭代求解。

（2）人工智能模型。

由于设备数量多，组合方式多，为了提高组合搜索的效率，可以采用遗传算法实现该搜索过程。

① 编码。

设备组合方案优化的决策变量是 0，1 变量，因此，可以直接采用二进制编码方案完成，采用该编码方式直观且具有较好的计算效率。应用二进制编码方式构造长输管道设备组合方案优化问题的染色体为

$$c^k = (\delta_1^k, \ \delta_2^k, \ \cdots, \ \delta_{N_p}^k) \tag{4.19}$$

式中　　N_p——所有输油站的总泵数。

② 种群初始化。

考虑设备的数量和设备工作特性的差异，设备数量越多，不同设备的运行状况差异越大，则初始化种群的数量更多。具体生成初始种群时，结合实际工艺条件和管道管理人员的工作经验初步确定一定数量较优的组合方案，不足种群规模的方案则采用随机方法生成，最终产生群体规模个数等于离散变量个数的二进制编码，作为初始种群。对于染色体的任意第 i 位基因值 H_i，可以采用随机函数生成：

$$H_i = \text{random}(i) \tag{4.20}$$

式中　　random(i)——随机函数。

为了使所得到的初始方案是可行的，随机生成初始方案后，还要以优化问题的约束条件作为判断标准对方案的可行性进行判断，决定设备组合方案可行的判别标准包括：

$$\sum_{j=1}^{N_{\text{p},i}} \delta_{i,j}\, q_{\text{p}i,j}\, t_{\text{d}} = Q_{\text{p}}, \forall i \in S_{\text{S}} \tag{4.21}$$

③ 适应值计算。

对于长输管道的优化问题，其目标函数是管道的总运行成本最小。因此，需要将原优化问题的目标函数转换成适应值函数的形式，即：

$$fitness\,(c^k) = \exp\left[-f(c^k) + f_{\min}\right] \tag{4.22}$$

式中　　$f_{\min}$——当前进化群体中目标函数的最小值。

要求解目标函数值，还需要确定当前组合方案下的最优运行参数，包括最优的输油温度和压力等。该问题的求解过程就是设备运行参数优化问题。

④ 交叉操作。

交叉操作是起核心作用的遗传算子，是生成新个体的重要途径。由于设备组合方案优化问题采用二进制编码方式，所以可以采用两点交叉的方法生成新个体。

⑤ 变异操作。

变异操作可以增加遗传算法局部寻优的能力，提高种群多样性。为了控制变异的频率，使变异操作更适用于遗传算法的求解过程，采用自适应方式调整变异概率。变异操作采用单点变异的方式，即选定某一位的基因，对基因座上的基因取其等位基因实现变异操作。

⑥ 选择复制。

对于中缅原油管道设备组合方案优化问题，为了保证遗传算法的全局收敛性，采用相对禁止的选择策略，并且同时从父代和子代个体中选择优良的个体进行选择操作。

4.2.3.3 站场罐区自控系统提升

罐区自控系统的提升主要是实现罐区自动发油、自动取样、自动检测、自动计量等，通过建立自控系统，以现场采集的数据和历史数据为依据，进行数据分析挖掘，得出相关数学规律，建立数学模型，利用智能算法，优化控制系统参数，从而实现罐区智能化、自动化、安全、高效的运行。国外站场罐区自动化系统一般是基于 PLC 或者是 DCS 为控制核心的监控系统，这与国内的自动化系统基本一致。从系统架构的角度分析，目前国外控制系统是通过数据服务器储存生产控制系统中的所有数据和各种生产信息，管理终端和监控终端都是从服务器中获得数据来进行作业的。从执行层角度分析，国外控制器多数采用 PLC 技术，流量计多数用容积式流量计，电液阀多数用数字式电液阀等。此外，国外的罐区自动化系统主要是用工业组态软件组态完成人机界面部分，但也有极少的专业的自动化公司使用自主研发的人机界面。在油库自动化系统的投资方面国外投资成本大致是国内系统 3~5 倍，对于硬件选择的要求较高。

（1）罐区发油自控系统提升。

以瑞丽泵站发油为例，罐区发油时，与人工作业进行对比，PID 控制系统相比于人工作业，阀门开启反应更加迅速，阀门开度随时间变化更加的稳定，具有明显的优越性，如图 4.10 所示。

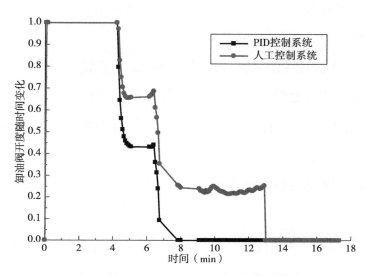

图 4.10　PID 控制与人工控制下发油时阀门开度变化

鉴于 PID 控制系统相对于人工操作的优越性，因此建立 PID 控制系统，通过对阀门开度的控制，实现罐区油品的自动收发功能。PID 方案包含了两个调节器相连的串级控制、一个调节器控制两个调节阀的分程控制等复杂控制，因此，控制系统既具备了安全性能，还具备了保证各类数据可靠传送的各部分的可靠性，比如：现场罐顶液位计的输出、冗余的线路、监控数据的接收，并能处理连续模拟量的输入，这样保证了数据的正确无误，维护了系统可靠、连续。

结合中缅原油油品性质、生产需求等情况，罐区工艺 PID 控制系统的设计应满足如下要求：

① 中缅原油管道输送科威特原油、沙特阿拉伯轻质原油、沙特阿拉伯中质原油、伊朗重质原油，属于易燃易爆的危险品，故要求现场测量仪表与 DCS 控制室增加安全栅进行隔离。

② 控制系统需要具备数据大量存储及运算功能，能够将流程中各工艺

参数、远传信号、开关阀的操作、报警等记录进行存储。

③ 系统需要具备良好的可控制能力，例如对于现场仪表与阀门之间的联锁控制，需要极其快速的反应速度，这就意味着控制系统需要具有监控操作的可控性。

④ 对于工艺流程 PID 控制，控制室内 DCS 系统上位画面需要实时跟踪显示，做到工艺参数随时查询，这样更有利于操作及管理。

⑤ 控制系统需要具有可扩展功能，为今后的数据统一管理提供便利条件。

罐区 PID 控制发油逻辑流程如图 4.11 所示，发油控制系统结构如图 4.12 所示。

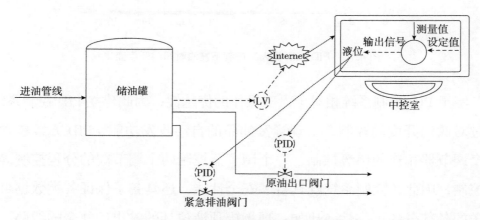

图 4.11　罐区 PID 控制发油逻辑流程图

（2）罐区 PID 控制系统。

为实现罐区自动化发油，建立 PID 控制系统，然而，当参数发生变化时，常规的系统整定方法会使控制器的性能变差。因此，采用智能优化法（如蚁群算法）对控制器参数进行实时优化。蚁群算法的 PID 控制主要是由 PID 控制器和蚁群算法构成。蚁群算法以性能指标的最优化为目的，根据系统的运行状态，调节目标控制器的参数。PID 控制器对被控对象进行闭环控制，系统的优化指标大于设定指标时调用蚁群算法对参数进行实时优化，当优化指标小于设定指标时，停止参数优化。

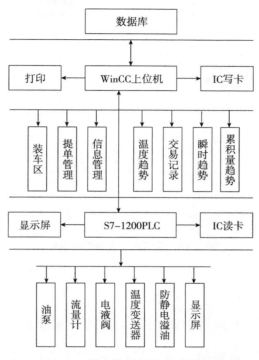

图 4.12 罐区发油控制系统结构图

（3）油品自动取样控制系统提升。

建立 PLC 自动控制系统，对油品进行在线取样。在线自动取样系统的总体方案如图 4.13 所示。将油液从主油路吸入取样装置。该系统主要由阀门、取样缸、配重块、驱动电动机以及两个触碰开关组成。取样时，进油口处阀门打开，电动机带动配重块上升，由于负压作用油液被吸入取样缸。当配重块触碰到开关 K_1 时，电动机停止，阀 1 关闭，完成取样的任务。图 4.13 中触碰开关 K_2 主要用于检测取样装置是否正常恢复原位。通过取样控制器完成预定量的样品采集，并能将其取样控制信号传送至上位控制系统。通常情况下，自动取样系统可以在没有操作人员干预的情况下连续和反复地提取少量样品，还能保障操作人员的生命健康安全。

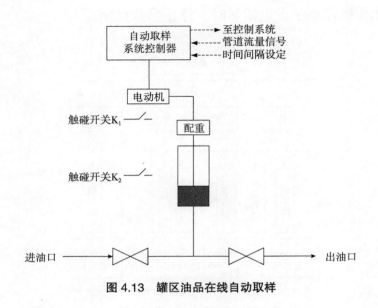

图 4.13　罐区油品在线自动取样

4.2.3.4　实施路线

为建立中缅原油山地管道瞬态优化系统，从能耗分析与泵机组优化功能、分输方案优化功能和站场罐区自控系统提升 3 个功能出发，建立实施路线。

（1）能耗分析与泵机组优化以及分输方案优化功能的实施路线。

从数据感知、模型建立、软件开发、智能决策 4 个方面，逐步实现由人工运行调度决策往人机混合辅助调度决策方向转变，实现山地能耗分析、泵机组优化和分输方案优化建设的目标（图 4.14）。

（2）站场罐区自控系统提升功能实施路线。

基于中缅原油管道站场罐区自控系统提升方案，提出功能建设实施路线，从数据感知、模型建立、软件开发、智能决策 4 个方面实现站场罐区人工操作向罐区自控操作转变，实现站场罐区自控一体化，达到站场罐区自控系统的提升的建设目标（图 4.15）。

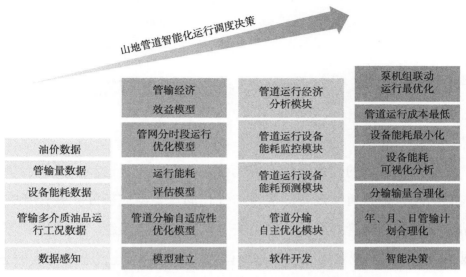

图 4.14　能耗分析与泵机组优化和分输方案优化功能建设实施路线

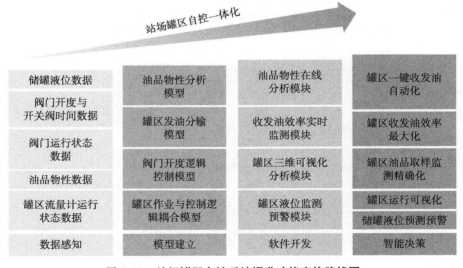

图 4.15　站场罐区自控系统提升功能实施路线图

5　安全管控系统建设方案

安全管控系统的建设是管道智能化运行、构建管道和站场数字孪生体的核心内容，是管道实现智能决策与优化的重要组成部分。安全管控系统由站场安全监测与管控系统、环境安全监测与管控系统、区域化管理系统组成（图 5.1），实现对管道、设备本体和周边环境安全的全方位实时管控。目前公司依托生产智能化管理系统开展部分关键站场设备监测与诊断、贸易交接计量、地质灾害监测，尚不能满足中缅原油管道全方位安全管控要求，不足以支撑高水平的区域化管理。

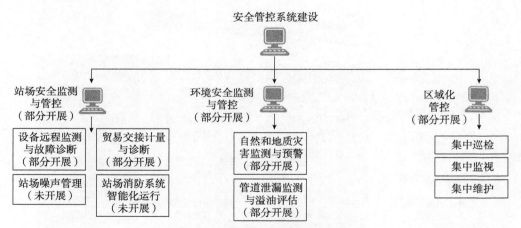

图 5.1　安全管控系统建设架构

5.1　站场安全监测与管控建设方案

中缅油气管道全线首次采用成品油、原油、天然气管道三管并行敷设，且有 8 座油气管道合建站场。中缅原油管道站场安全监测与管控主要涵盖了设备远程监控与故障诊断、贸易在线交接计量与诊断和站场消防三个方面。目前中缅原油管道站场设备状态监测工作还处于起步阶段，计量设备故障响应周期较长，智能技术与站场消防融合程度不高。现有站场安全监测与管控系统还不能满足中缅原油管道智能化运营和管理的需求。

5.1.1 建设需求

为实现对中缅原油管道站场的安全监测与管控，对目前中缅管道站场在设备远程监控与故障诊断、贸易在线交接计量与诊断和站场智能消防3个方面的特点进行分析，进而提出站场安全监测与管控方案。

（1）站场设备远程监控与故障诊断建设需求。

① 缺乏关键设备故障诊断与预测系统，设备维检修和故障诊断主要采用事后诊断、纠正性维修、预防性维修。

② 现有自动化仪表数据监测的状态信息仍需要人工定期检查。

③ 在线状态监测技术所覆盖的设备不够广泛，仅实现了对部分地区风险管理相关数据采集工作，状态参量不够丰富，对突发性故障预警作用不够明显。

（2）站场贸易在线交接计量与诊断系统建设需求。

① 未全面普及自动计量交接系统，计量系统主要依靠人工数据录入、工作效率低、准确性相对较差，未实现流量计在线故障诊断。

② 油品交接计量依靠人工进行，自动交接计量系统有待建设。目前油品取样化验都采用人工的方式，不仅工作强度大，而且风险高。除此之外，部分站场流量计量采用抄表计算的方式，数据计算耗时约半天，交接效率低。

③ 计量智能诊断与SCADA系统相互独立，未实现信息共享和融合。

④ 计量智能诊断尚未建立维检修数据库与故障诊断数据库，尚未实现

设备及计划自动化，维检修依然凭靠专业技术人员的经验和知识进行，维检修的效率仍有待提高。

（3）站场消防系统建设需求。

① 缺乏智能消防系统，缺乏站场人员定位跟踪与一键疏散指令系统，应急决策智能化程度有待提升。

② 站场油罐区消防安全防范则以视频监控和人工巡检为主，不能实现对事故征兆的早期监测和预警，缺乏对事故征兆演化规律的动态过程分析。

③ 站场消防应急决策与一键喷淋有待实现。大部分站场仅有灭火器和消防栓等移动式消防设施，部分站场主要依赖人工的方式灭火，风险较高。

④ 站场人员定位跟踪与逃生路径智能规划有待建设。现有应急逃生系统未充分考虑疏散路径连通性和有效性，应急疏散方案的可靠性难以保证。

5.1.2　建设目标

为保障中缅原油管道站场智能化运行，对站场内设备远程监控与故障诊断、贸易在线交接计量与诊断、站场噪声管理和站场消防系统提出了智能化建设目标。

（1）功能一：设备远程监测与管控。实现基于大数据挖掘的设备故障预判，泵机组非计划停机次数＜0.5次/年。

① 实现中缅原油站场设备远程监控与智能故障预测诊断，引进智能化感知设备，实现设备感知能力全方位覆盖，加强对风险相关数据的采集能力。实现上下游的数据共享，通过数据分析，寻得相关规律，建立风险评估模型，推进主动风险识别与预警能力，实现管道的预知性维修。

② 基于大数据挖掘的设备故障预判，提前对设备进行检测和检查，找出故障发生的预兆，消除可能发生的故障，使设备能够保持在规定的运行状态下工作，通过这些有效的维修活动可以使设备的故障处在萌芽状态的情况下就被合理地控制和解决，避免突发故障发生。

③ 引进先进的监测仪表设备，实现关键设备状态监测率100%；建立设备健康管理系统，关键设备风险分析及可靠性评价完成率100%。

（2）功能二：贸易在线交接计量与诊断。实现流量计的实时在线监测和远程调控，同时具备自我诊断和故障检测的功能。

① 保证计量不确定度低于0.29%，并实现在线流量计量精度校准。

② 计量诊断系统与SCADA系统、智能物联网深度融合，实现数据在线连续自动采集；实现流量计的实时在线监测和远程调控，同时具备自我诊断和故障检测的功能；计量设备维抢修智能化，系统具备设备故障库与检维修策略数据库，平均维护时间减少30%，响应时间到达秒级。

③ 实现贸易交接计量管理系统的实时监测、提前预警、预防维修的功能。

（3）功能三：站场消防系统智能化运行。建立站场消防物联网与罐区一键喷淋系统，逃生路径自适应优化。

① 建立站场消防物联网与罐区一键喷淋系统，实现火灾风险预测预警可控。物联网技术主要应用于在火灾报警实时监测以及火灾预警方面，通过计算机与区域信号采集器相连接，从而实现了火灾自动报警设施运行状况的实时监测以及消防设备故障信息的远程实时传输。

② 实现站场人员智能定位跟踪系统与一键疏散系统的有效融合。结合人员位置信息及系统的疏散决策，为站场人员及时提供科学求生路径。

③ 基于大数据挖掘及智能优化算法，实现站场消防与逃生路径自适应优化。根据区域火灾环境的实时变化，动态优化应急疏散路径，合理规划逃生路径，提高疏散效率。

5.1.3　功能组成

5.1.3.1　设备远程监控与故障诊断

中缅原油管道站场设备主要包括机械设备、电气设备、仪表设备、计量设备等，其结构复杂、种类众多、数量巨大。管道站场设备的运行维护，直接影响到中缅原油管道系统的可靠性、经济性及安全性，同时关系到无人站场能否顺利实现，是制约管道系统自动化和智能化发展的关键因素。中缅原油管道设备远程监控与智能故障预测诊断，需要集设备状态监测、故障预测、故障诊断、维修决策支持和维修活动于一体。近年来，由传统的设备故障后的故障分析模式逐渐发展为基于大数据挖掘的设备故障预测性维护模式。实体设备完成维修维护作业后，将相关数据和信息反馈给数字孪生体进行更新，从而保证物理设备的安全高效运行，实现设备预测性维护。设备远程监测与故障诊断的一般流程如图 5.2 所示。

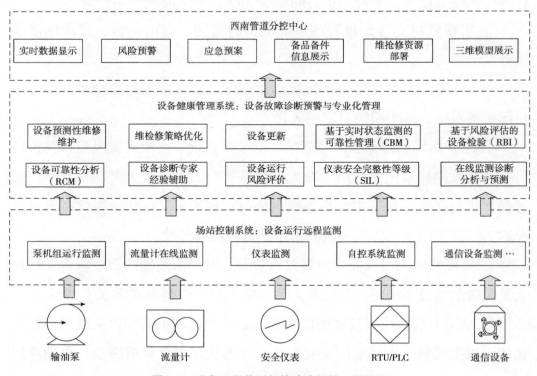

图 5.2　设备远程监测与故障诊断的一般流程

（1）设备状态监测。

目前，云计算技术是大数据存储和处理技术的核心，云计算的核心包括用于海量大数据存储的分布式文件系统（DFS）和用于海量数据并行处理的 Map Reduce 技术。云计算平台作为一种新型的数据存储计算平台，其将数据的计算分配到分布式的计算机群上，再应用互联网技术根据需求访问存储在不同计算和存储系统中的数据。云计算平台具备存储量大、廉价、可扩展性强等优势，因此可用于站场设备状态信息的计算和储存。设备状态监测与参数可视化展示流程如图 5.3 所示。

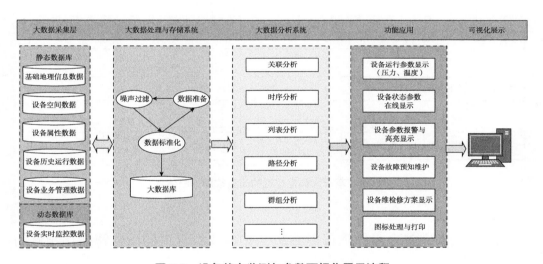

图 5.3　设备状态监测与参数可视化展示流程

（2）故障预测与诊断。

为实现中缅原油管道站场设备远程监控与智能故障预测与诊断体系，可利用机器学习算法，建立故障预测模型，实现故障的预测，如图 5.4 所示。机器学习是对样本中数据隐含规律进行学习，可以弥补传统专家系统的"瓶颈"问题。对于设备智能诊断技术，机器学习涉及了基于分类问题的设备故障识别技术和基于回归问题的设备状态趋势预测技术。机器学习诊断系统不仅具备自学习的能力，同时通过设备状态信息的不断变化

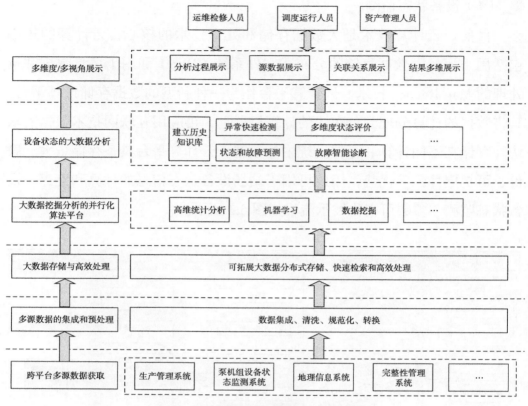

图 5.4　基于大数据挖掘的设备故障诊断体系

学习新知识，完善自身故障诊断系统，实现智慧管道的设备智能化预测与诊断。

（3）故障决策支持。

基于以可靠性为中心的维修技术（RCM）、基于风险的检验技术（RBI）、安全等级分级（SIL）的可靠性安全评估及故障案例库，集成多学科、多物理量的仿真模拟分析，实现对设备的健康状况进行评估，预测设备故障原因及剩余寿命，给出维修维护策略，制订维修维护作业计划，如图 5.5 所示。同时，还可通过虚拟现实 / 增强现实 / 混合现实技术，提高人机交互的体验性，将零部件三维结构、维修维护流程等虚拟信息叠加到同一个真实维修维护环境中，两种信息相互补充，清晰直观地显示出维修维

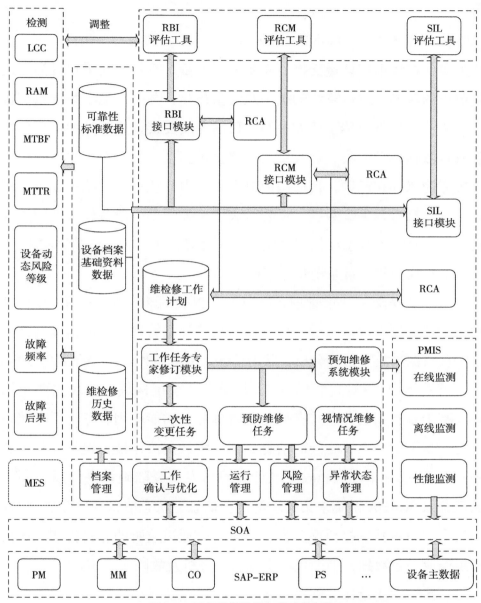

图 5.5 设备维修维护智能决策架构

护的操作流程和操作步骤，协助现场操作人员作业，从而提高其工作准确性、安全性及高效性，可有效实施设备安全培训、操作培训、维修维护远程指导。最终制订融合设备状态监测、故障预测、故障诊断于一体的维修决策方案，实现设备远程监控与故障诊断，提高中缅原油管道智能化运行能力。

5.1.3.2 贸易在线交接计量与诊断

为实现在线远程计量交接，需要采用流量计算机自动采集数据，进行流量单位的转换、进位算法的统一及流量核算，并生成电子版计量交接凭证、气质分析报告上传至调控中心。目前在线交接计量系统的应用已初步实现每日数据自动采集、远程交接及交接单据电子化，但在数据归档、数据采集方面仍存在问题。目前国内电力和水力行业计量系统略领先于石化行业，其具有自动采集数据、远程抄表、费控管理、设备仪表及回路在线监测、故障检测和状态评估等功能，极大地降低了计量系统故障频率。

（1）在线交接计量系统总体架构。

为增强贸易交接计量管理系统对各个仪表的兼容性，采用 5G 移动物联网技术代替原有无线通道，构建贸易交接计量管理系统的监测与诊断平台，实现数据采集、信号分析、状态监测、专家诊断、故障预测等功能。

系统总体由在线监测与智能诊断两个子系统构成，模块主要包括数据库、基于私有云的分布式存储与并行计算、功能应用服务、后台接口服务。为满足于两个系统之间的信息交互，贸易交接计量管理系统采用 SOA（Service-Oriented Architecture）设计。现场人员登陆确认身份后，利用下行通道获取 SCADA 系统采集的现场设备信息、状态信息等，并通过 5G 物联网发送给后台数据接口服务器，通过上行通道监听的方式检测现场故障并输出作业平台数据，辅助现场实现通信分析及故障实时定位。

（2）系统功能设计。

在线交接计量监测与诊断功能由业务应用、支撑平台组成，各部分功能如下：① 数据采集平台收集汇总，并根据类别存放、统计与备份数据；② 后台服务层不仅完成流量的计算，还要利用专家库对数据进行多维度分析，实现故障的电子化、流程化识别与处理；③ 前台应用层用于完成定位、管理、提示、评价等功能。功能设计如图 5.6 所示。

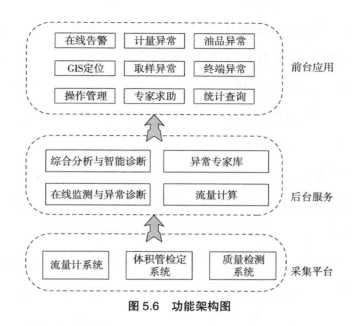

图5.6　功能架构图

（3）计量监测模型。

根据计量系统的温度、压力等数据确定温度、压力修正系数，利用体积管标定系统的数据计算出流量修正系数并交由各方签字确定，固体及水含量可利用质量检测系统中的各种数据确定。为满足系统分析和应用拓展给数据库性能带来巨大的压力，计量在线监测系统采用分布式数据存储系统作为海量数据分析工具，通过将数据分散存储在多台独立的设备上进行运算，减少大量的数据库I/O操作，实现对智能诊断和状态评估进行离线统计和分析。分布式数据存储和并行计算框架利用Hadoop及其组件构建了高可靠、高可扩展、高效、高容错的服务层，为计量在线监测系统基于海量数据统计分析提供可动态扩展功能。

5.1.3.3　站场消防系统智能化运行

在站场消防火灾感知方面，物联网是提高感知信息可靠度的支撑技术。目前国内外关于物联网技术在消防领域中的主要应用在火灾报警实时监测以及火灾预警方面，通过计算机与区域信号采集器相连接，从而实现了火灾自动报警设施运行状况的实时监测以及消防设备故障信息的远程实时传输。智能化消防系统基于物联网技术、GIS、遥感遥测系统等信息技术与远程信号动态监测技术，实现火灾风险预测预警、危险源与火灾风险的动态评价分析、监测监控、预测预警，根据预测结果调用应急资源信息数据库、地理信息数据库、消防力量需求模型等生成应急辅助决策方案。

（1）监测报警模块。

站场智能化消防系统主要以提高罐区火灾防控以及预测预警技术的能力与水平为出发点，实现对储罐区火灾风险的动态安全管理。为确保站场人员安全，该系统可根据站场人员随身携带的移动传感节点，实时传输人员地理位置。其中罐区主要的监控预警参数一般有罐内介质的液位、温度、压力等工艺参数，罐区内可燃／有毒气体的浓度，储罐、管线杂散电流、电荷强度，明火以及气象参数和音视频信号等；主要的预警和报警指标包括与液位相关的高低液位超限，温度、压力、流速和流量超限，空气中可燃和有毒气体浓度、电流电荷强度、明火源和风速等超限及异常情况（图 5.7）。

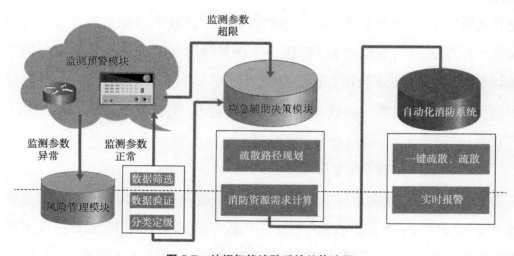

图 5.7 站场智能消防系统总体流程

站场监测设备最主要为火灾探测器。火灾探测器对保护区域进行影像采集，采用多个摄像机从不同位置进行图像捕捉，结合计算机视觉技术，从火焰燃烧的动态特征分析寻找火点，可以有效抑制太阳光和灯光干扰。获得的信息不仅有火灾报警信息，而且有火点的坐标信息，为灭火设备准确找到火点提供原始信息并实时分析，跟踪扑灭火势最强点。此外，可在无害火源区域设置分析屏蔽区，禁止视频服务器分析该处的火焰，达到火源识别的可控性。但在获取影像采集的过程中，要经过拍摄、扫描等操作环节，这些环节有时会受到仪器及周围环境等外界因素的影响，使所获取的数字图像的位置和形状发生变化，导致图像失真或者是图像上含有各种各样的噪声。为了准确获得图像中物体的基本轮廓，需要对图像进行一定优化的处理。

（2）风险管理模块。

站场消防智能系统的风险管理模块也称预测预警体系，是火灾防控的第二层防线。针对异常监测数据，但未超出限值的情况，数据上传至风险管理模块，系统对事故隐患以及事故发展演变趋势进行预测，在事故发生的初始阶段提供早期防范与处置决策，并与喷淋、泡沫等固定消防设备进行应急联动，开展早期事故处置。根据上述监测数据，在对历史监测数据和事故统计数据库的动态分析的基础上，利用事故征兆智能预测和分析系统软件，可对实时监测数据变化进行动态判断和分析。事故征兆智能预测和分析系统软件主要通过运用控制图理论筛选异常数据、人工智能网络分析预测变化趋势。

（3）事故应急辅助决策模块。

站场火灾事故应急辅助决策模块是智能消防系统的核心，包含事故预警、事故应急处置、应急救援体系、应急资源查询、事故模拟预测五个子模块。该模块的主要功能是事故应急辅助决策。根据事故严重情况和发展趋势调用应急资源信息数据库、地理信息数据库、消防力量配给模型等功能模块建立、三维动态模型建立，从而自动生成应急救援预案（包含最优消防救援路径、最优人员疏散路径、消防资源需求信息、现有消防资源信息等），应急指挥中心可将应急辅助决策方案通过系统平台推送给各个应急协同单位和应急力量负责人。事故应急辅助决策功能如图 5.8 所示。

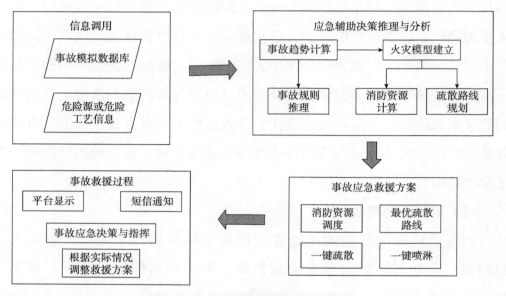

图 5.8　站场火灾事故应急辅助决策功能

（4）自动化消防系统。

站场自动化消防模块主要根据上述三个模块的分析结果实现一键灭火、一键疏散功能，提高灭火工作效率。主要包括自动报警功能、自动喷水灭火功能、智能疏散功能。

火灾检测和报警控制部分由站场内部火警信号与消防火灾报警中心联动来实现，即通过主干网将火灾信号传给消防控制中心，控制中心接收到报警信号并确认后发出报警，提示人们火灾发生，同时联动控制火灾现场的消防灭火设备及疏散设备的节点动作。

自动喷水灭火系统可采集站场现有消防系统的各设备状态信号，通过移动通信网络监测泵房的水系统的水池水量、喷淋泵及消火栓泵进出口压力、用量与动作方式、手自动状态等参数，保证在火灾发生时自动喷水灭火系统能及时有效地进行工作。

智能疏散系统能够实时追踪消防人员在火灾现场的位置，可收集其心电、心率、体温、呼吸及脉搏等各类数据，通过无线通信将这些数据传到救援指挥部，就能达到实时监测的目的，指挥部也能据此分析出站场人员安全情况，并根据决策模块的最优路径快速规划出逃生路线。

5.1.4　实施路线

站场设备远程监控与智能故障诊断方案实施路线，从数据感知、模型建立、软件开发、智能决策 4 个方面，展示了设备预防性故障诊断向智能预测故障方向的转变，以实现设备远程监控与智能故障预测诊断方案建设的目标（图 5.9）。

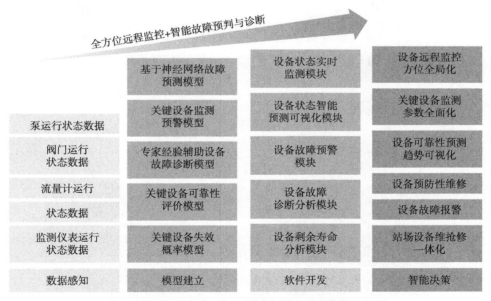

图 5.9　设备远程监控与智能故障诊断方案实施路线图

站场贸易在线交接计量与诊断方案的实施路线如图 5.10 所示，完成计量交接业务由线下交接转变为全面线上电子化交接，并最大限度降低计量误差与计量设备故障。

智能化消防系统建设包括了数据感知、模型建立、软件开发分等方面，实现站场人员疏散、资源调度的智能决策、在线报警及一键喷淋的自动化功能，从而完成由人工决策至人机辅助决策的转变（图5.11）。

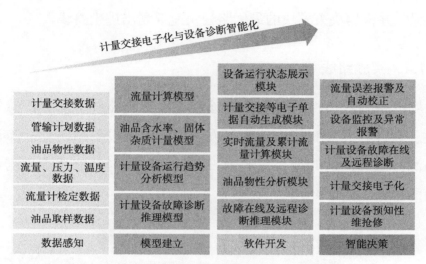

图 5.10　贸易在线交接计量与诊断方案实施路线图

图 5.11　站场消防系统智能化运行方案实施路线

5.2 环境安全监测与管控建设方案

中缅管道被认为是国内建设难度最大的管道，管道途经横断山脉、云贵高原、喀斯特地区等复杂单元，且管道穿跨越大中型河流、隧道数目较多，这些因素增大了管道发生泄漏的概率。目前，中缅原油管道现有泄漏监测与定位系统与国内外先进的系统还存在一定差距，缺少原油泄漏扩散后对环境污染的风险评价模型。同时，中缅原油管道在地质灾害易发区对管道应力的在线监测、分析和预警不全面，且未形成灾害检测体系，环境安全监测管控需求迫切。

5.2.1 建设需求

中缅原油管道途经青藏高原南延地带、云贵高原、黔北山区与四川盆地过渡地带等，地貌类型表现为山地、丘陵、平原及山间沟谷。沿线的山区地段占全长的 56%，丘陵地段占全长的 32%，平原坝子地段占全长的12%；地势变化总体是西、南高，东、北低，全线海拔最高点为 2638m，位于楚雄市南华县依节资，最低站 167m，位于重庆市长江穿越处。中缅管道地质灾害类型如图 5.12 所示。

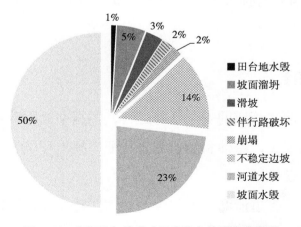

图 5.12 中缅油气管道（云南段）地质灾害类型

（1）管道泄漏检测与溢油评估建设需求。

① 中缅油气管道并行敷设（同沟、同桥、同隧），部分管段还与成品油管道三管并行，安全生产压力大，环境保护问题突出。

② 中缅原油管道沿线大落差管段较多，油品泄漏距离远，影响范围大。

③ 需进一步增加对输油管道大型穿跨越区域和涵洞隧道等密闭空间的泄漏监测。

④ 中缅原油管道沿线共有河流大型跨越 3 处，河流大型穿越 1 处；河流中型穿越 9 处，河流、沟渠小型穿越 780 处，但现有泄漏在线监测系统缺少原油泄漏扩散后对河流的风险评价模型。

（2）自然和地质灾害监测与预警系统建设需求。

① 中缅原油管道途径地域山高沟深，地质结构、气象条件复杂，滑坡、泥石流、水毁等地灾频发，导致管道露管、悬空、阀室水淹等，但目前预警与防护措施匮乏。

② 中缅原油管道现有应力监测点 14 处，在管道 55 处穿越点未实现应力监测覆盖；未明确穿跨越河流、隧道及地震带相关评估模型，风险剖析不足。

③ 多管并行管道在山体滑坡动载荷作用下承载极限与预防技术手段不足；管道在地震动载荷作用下承载极限及预防技术手段不完善；现运行"管道地质灾害监测与预警系统"预警分析等功能有待加强，系统有待升级优化。

5.2.2　建设目标

为保障中缅原油管道的安全平稳运行，根据中缅原油管道沿途地形特点，并结合管道泄漏、溢油和地质灾害特征，提出环境安全监测管控方案下不同功能的建设目标。

（1）功能一：管道泄漏检测与溢油评估。建立输油管道泄漏监测与溢油评估模型，实现中缅原油管道泄漏溢油扩散模拟及后果动态评估、管道泄漏溢油预测预警、漏油污染范围预测，指导应急抢险决策。

① 提出建立油管道泄漏监测事件样本库和管道泄漏监测预警方案。

② 实施管道减压波和次声波联合检漏技术，通过将检测数据与在线瞬态仿真技术的融合，实现全管段的泄漏检测精准定位，提高管道泄漏后堵漏维抢修速率。

③ 掌握山地管道泄漏和穿跨越河流管道泄漏油品扩散特征及扩散范围。

④ 针对国际河流、水源保护区等，从设计源头针对山地管道漏油的特点进行标准的细化和提升，加强对怒江等湍流型河流、季节性涨枯剧烈型河流、西南山地河流陡峭边坡管段进行阻止泄漏发生、泄漏控制和应急措施的研究。

⑤ 实现中缅原油管道泄漏溢油扩散模拟及后果评估，以及管道泄漏溢油预测预警、溢油污染范围预测和应急抢险决策。

⑥ 定期开展管道风险因素排查，针对环境敏感点的水污染、土壤污染应实现动态监测或现场直接监控，提出管道穿越水源保护区泄漏的防护措施。

⑦ 重点开展关键跨越段和穿越段的溢油回收和处理技术研究，解决特殊工况下的泄漏应急处置问题。

（2）功能二：自然和地质灾害监测与预警。基于 GIS 技术、天地一体化技术、无人机巡线技术的地质灾害预警技术，实现地质灾害主动、实时预测、预警全覆盖、可视化。

① 针对管道穿越地震活动区域，基于 GIS 技术建立地质灾害预警预报模型，建设一套管道安全监测预警系统。

② 针对中缅原油管道现有应力监测系统未覆盖的区域，建设一套管道应力应变监测系统。

③ 针对多管并行管道，在山体滑坡动载荷于地震载荷作用下对承载极

限进行分析，建设管道的极限悬空长度适用性标准。

5.2.3 功能组成

5.2.3.1 管道泄漏检测与溢油评估

管道泄漏检测技术可分为直接检测法和间接检测法、内部检测法和外部检测法。中缅原油管道泄漏检测与溢油评估方案建设由负压波管线监测系统和泄漏溢油预测预警及应急决策支持系统组成。管道溢油风险评估可以为管道高风险点的监测与防护等预防性工作提供科学指导，并为溢油应急资源的合理化配置、已有应急资源的高效利用和应急辅助决策系统建设等应急能力建设工作提供依据。

（1）管道泄漏检测系统数值模型建立。

负压波和次声波泄漏检测技术各有优缺点，故将这两种检测方法相结合，取长补短，可降低检测系统的漏报和误报的概率。对于负压波检测技术，管道产生泄漏的位置是根据负压波到达管道两端的时间差和在管道内传播速度确定，管道产生泄漏后，管道首末站压力波形变化曲线。对于次声波检测技术，泄漏发生时，泄露点处因涡流和管壁摩擦产生的声源可以用活塞声源描述。中缅原油管道泄漏检测及定位系统采用次声波结合负压波的泄漏检测系统，其系统结构框架及现场布点情况如图 5.13 所示。以瑞丽泵站到芒市泵站的管段为例，该段管线长 110.1km。当瑞丽泵站与芒市泵站之间的管段发生泄漏后，芒市瑞丽泵站和芒市泵站内的声波传感器和压力变送器接收声波和负压波信号后，由光纤通信传导，再通过企业内网让监控终端组接收，最终做出泄漏防护处理。

（2）管道堵漏技术。

当管道发生泄漏后，对泄漏位置定位后需及时对泄漏点进行堵漏处理。目前，石油工业常用的堵漏技术主要有带压黏结堵漏、带压注剂堵漏和带压焊接堵漏三种。这三种方法之间的比较见表 5.1。

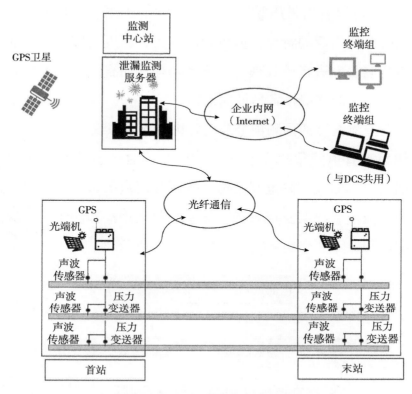

图 5.13 管线泄漏检测系统结构及现场布点示意图

表 5.1 不同带压堵漏技术的简单比较

堵漏工艺	适用介质	适用压力	适用温度	是否需要预处理	是否需要动火
带压黏结堵漏技术	无特殊要求，适当选择堵漏胶，可适用于各种液体、气体介质	一般用于低压管道及设备的泄漏	由粘结剂的性能决定，一般为-60~150℃	是	否
带压注剂堵漏技术	无特殊要求，适当选择密封注剂，可适用于各种液体、气体介质	适应压力范围广泛，由真空至35MPa均可	通过合理选择注剂类型，适应温度范围广泛，-198~1000℃均可	否	否
带压焊接堵漏技术	非易燃易爆介质，且泄漏的介质对人体无毒副作用	用于低压管道及设备的泄漏，常用压力范围为0.1~2MPa	温度范围有限，因操作条件要求，应满足使焊接人员可以接近焊缝	是	是

从表 5.1 可以看出带压黏结堵漏技术和带压注剂堵漏技术都具有不需动火和适应介质广泛的特点，但后者的压力、温度适应范围更加广泛，并且无需对泄漏表面进行预处理，对于现场操作而言，这一点具有很大的优越性。故带压注剂堵漏技术是最优选择。

（3）管道泄漏溢油预测预警及应急决策支持系统。

中缅原油管道亟须建立泄漏扩散后原油对环境的风险评价模型，如管道泄漏后对瑞丽江、澜沧江及怒江等国际河流的影响。建设管道泄漏溢油预测预警及应急决策支持系统，该系统包括溢油预测预警、应急决策支持、系统运行保障 3 个功能模块，如图 5.14 所示。

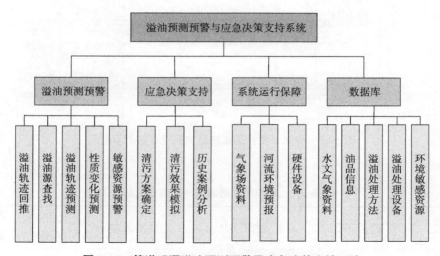

图 5.14　管道泄漏溢油预测预警及应急决策支持系统

中缅原油管道穿越了瑞丽江、澜沧江及怒江等国际河流。若这些区域的管线发生泄漏，对河流的生态环境将产生一定程度的损害。故需建立环境敏感区来标示出不同环境敏感地区，可为溢油应急决策者提供重要信息。经过对瑞丽江、澜沧江及怒江等河流多年资源收集和实地调查，建立环境敏感资源数据库，利用 GIS 技术制作环境敏感资源图。分类定义和管理敏感资源的范围、敏感等级和溢油防控策略等基础资料。在溢油应急过程中，能够根据溢油漂移轨迹和扩散范围预测结果，对可能受到影响的敏感资源做出污染预警，同时给出相应的应急方案，如图 5.15 所示。

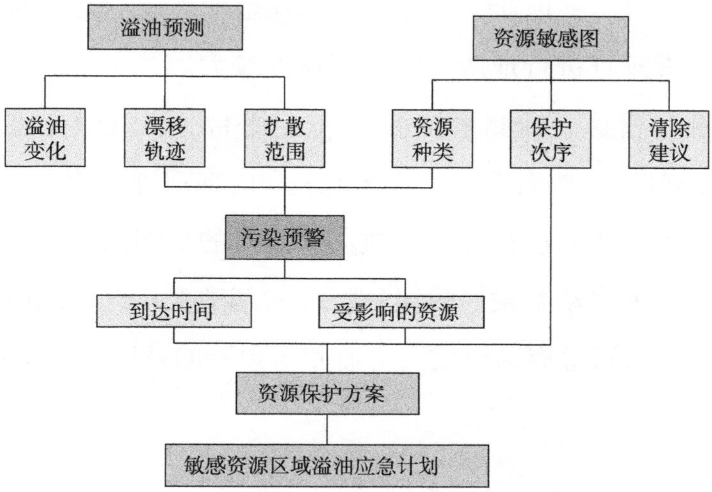

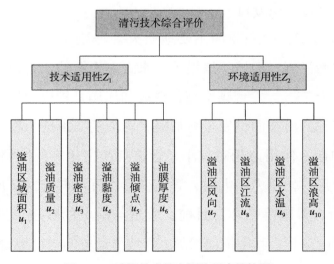

图 5.15 系统敏感区模型与溢油模型耦合框架图

应急决策支持模块由清污方案、清污效果模拟和历史案例分析三部分组成。该系统通过建立应急资源调用分析模型和溢油清污效果模型，量化了河流上溢油清理诸多影响值及目标之间的关系。利用多种数据信息加以智能化的检索和融合，通过人机对话模式，给出溢油应急优化方案，为应急决策提供全方位的信息支持，如图 5.16 所示。

图 5.16 清污技术综合评价层次结构图

5.2.3.2 自然和地质灾害监测与预警

中缅原油管道沿线地质灾害点多，山地地形占比达到80%，因此选择传统的人工调查排查进行地质灾害识别难度较大。基于星载平台（高分辨光学＋合成孔径雷达干涉测量技术）、航空平台（机载激光雷达测量技术＋无人机摄影测量）、地面平台（斜坡地表和内部观测）的天—空—地一体化的多元立体观测体系进行重大地质灾害隐患的早期识别，再通过专业监测，在掌握地质灾害动态发展规律和特征的基础上，进行地质灾害的实时预警预报，是未来管道周边地质灾害监测与预警的发展趋势（图5.17）。

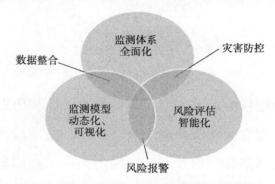

图 5.17　中缅原油管道地质灾害监测与预警系统功能

（1）地质灾害类型分析。

从图5.18可知，中缅原油主要地质灾害是坡面水毁、河道水毁、不稳定边坡、坡面溜坍、滑坡、崩塌等，水毁在中缅油气管道（云南段）地质灾害中占比为73%，发育频率高；滑坡和崩塌是管道地质灾害的主要类型。当管道穿越的潜在滑坡发生变形时，滑坡的下滑推力将直接作用于管道。在蠕变初期，作用力相对较小，管道则产生相应的协调弯曲、拉压、剪切等弹性变形；作用力增大时，管道变形将逐渐向塑性变形发展，最终管道出现折断、剪断等破坏。目前，管道与滑坡的穿越形式有三类：横向、纵向和斜向穿越，其中横向滑坡（滑坡滑动方向与埋地管道走向垂直）对管道造成的危害最大。中缅管道采用多管并行敷设，需考虑不同类型滑

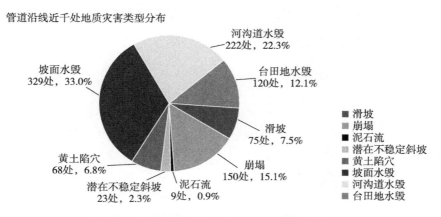

图 5.18　中缅油气管道（云南段）地质灾害类型

坡对管道产生的影响，得到不同输送介质管道在滑坡时的应力，根据应力大小确定相应的措施。

（2）基于 GIS 技术的地质灾害预警预报模型。

建立地质灾害检测与预警系统，推进地灾安全管理模式由事后分析型向事前预防型转变，依靠客观实际将准确的信息进行综合的、系统的分析，找出事故的真正原因，并做出合理的预测和安全评价。滑坡、崩塌和泥石流等地质灾害是仅次于地震的第二大自然灾害，其发生与降雨因素密切相关，故在研究地质灾害预警预测模型时需要重点考虑降雨因素。同时，在风险防控系统中植入 GIS 模块，利用 GIS 广泛的地理空间数据和合理的地理模型分析方法，可为地质灾害安全风险预测实时提供多种空间和动态的地理信息，可实现地质灾害风险评价模型的动态化和可视化。

①地质灾害预警预报的潜势度模型。

地质灾害预警预报模型对象中，点状预警可针对防患点或潜在对象点。地质灾害预警预报潜势度模型以点状预警为对象，模型输入因素分为降雨因素和非降雨因素两类。由于预警点位置固定，可确定其非降雨因素，并最终归结为无量纲参数——潜势度（图 5.19）。图中滑坡模型非降雨因素分为建筑区环境、滑坡坡面环境和地质环境三大类，转换为潜势度等级为1~5级；泥石流模型非降雨因素分为形成区环境、流通区环境和地质环境三大类，转换为潜势度等级为1~3级。

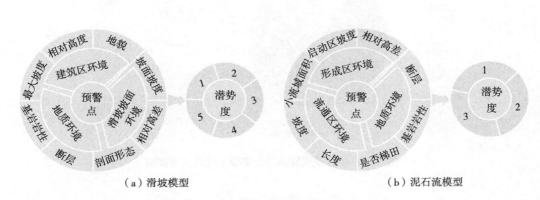

（a）滑坡模型　　　　　　　　　　　　（b）泥石流模型

图5.19　非降雨因素参数转化为潜势度

②预警判据矩阵。

基于中缅原油管道特殊地段降雨情况，进行雨量等级划分，并将雨量等级划分与潜势度等级结合起来形成预警判据矩阵。将非降雨因素的潜势度等级作列，降雨因素的降雨等级作为行，排列成预警矩阵，运算生成1级（最高级）、2级、3级和4级（最低级，不产生预警）预警等级，如图5.20所示。

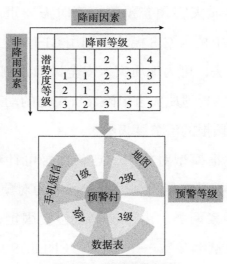

图5.20　滑坡预警矩阵

（3）地质灾害监测预警系统框架结构和功能。

在潜势度这一模型的基础上建立地质灾害监测预警系统，该系统涉及空间数据的存储和计算。因此，采用 GIS 技术进行二次开发可减少系统开发的工作量。如图 5.21 所示，开发系统构架上采用分层结构设计，包括输入层、数据层、模型层和发布层；功能上主要包括雨量数据获取、GIS 预警计算和预警发布三大功能模块。前两项功能模块涉及空间数据，最后一项功能只涉及数据发送，与 GIS 无关。两大部分使用预警结果数据库关联，实现数据共享。

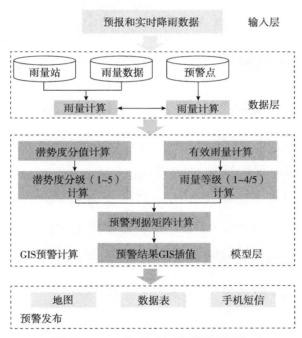

图 5.21　地质灾害监测与预警系统框架

地质灾害监测预警系统的主要功能如图 5.22 所示，其中辅助功能中的批处理自动执行可实现从雨量数据获取到预警计算和最后预警发布的自动操作，大大方便了用户使用的友好度。另外，涉及地图各图层显示的格式、图例等繁杂的输出格式问题，直接采用已定义的 MXD 文件作为模板处理，大大减少了非核心功能开发的工作量，使系统各功能模块可以打包封装和重用，方便系统的升级和维护。

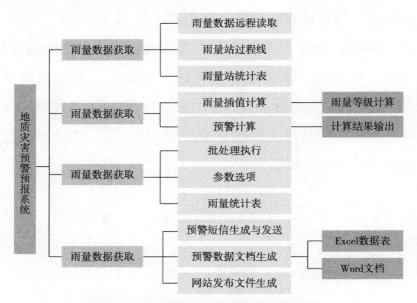

图 5.22　地质灾害监测预警系统主要功能

（4）穿越地震带风险预警预测模块。

管道受地震影响一般用震害率表示，震害率一般用每千米内的破坏处个数表示，其与管道状况、场地条件、地震烈度等因素有关。基于地震损失评估方法对油气管道在地震破坏作用下进行等级划分，将管道的地震破坏状态划分为 4 个等级，具体划分方式见表 5.2。

表 5.2　油气管道系统在地震破坏作用下的等级划分标准

管道破损程度	管道破损现象	管段连接失效概率
轻微破损	管道局部出现小漏气漏油点	<0.1（或破坏处<0.11处/km）
中等破坏	管道破裂漏气漏油	<0.0.25（或破坏处约为0.29处/km）
严重破坏	管道断裂发生严重泄漏	<0.5（或破坏处<0.69处/km）
毁坏	主干管道破裂	>0.7（或破坏处>1.2处/km）

　　根据管道在地震作用下进行的等级划分可建立地震地区管道失效风险矩阵，如图 5.23 所示。4 级（等级很高）对项目主要指标影响程度很严重，必须立即排除事故风险；3 级（等级高）对项目主要指标影响程度严重，需要采取控制事故风险的措施；2 级（等级中等）对项目主要指标影响程度一般，有造成损失的潜在风险，应做好控制风险措施的准备；1 级（等级低）对项目主要指标影响程度较小甚至无影响，暂时不会造成损失，但应采取措施尽可能降低事故可能造成的影响。

管道失效率	管道失效后果			
	低 （一般）	中 （较大）	特高 （特大）	高 （重大）
毁坏 （＞0.7，或失效＞1.2 处 /km）	3	3	4	4
严重破坏 （0.5~0.7，或失效 0.5~1.2 处 /km）	2	3	3	4
中等破坏 （0.3~0.5，或失效 0.2~0.5 处 /km）	2	2	3	3
轻微破坏 （0.1~0.3，或失效＜0.2 处 /km）	1	2	2	3
轻微破坏 （＜0.1，基本无损）	1	1	2	2

图 5.23　地震地区管道失效风险矩阵

　　（5）建立空天地一体化的管道地质灾害监测体系。

　　建立空天地一体化的管道地质灾害监测体系，首先借助于高分辨率的光学卫星识别历史上曾经发生过明显变形破坏和正在变形的区域，实现对重大地质灾害隐患区域性、扫面性的普查；然后，借助于无人机航拍，对地质灾害高风险区、隐患集中分布区或重大地质灾害隐患点的地形地貌、地表变形破坏迹象乃至岩体结构等进行详细调查，实现对重大地质灾害隐患的详细调查；最后，通过地面调查复核以及地表和斜坡内部的观测，甄别并确认或排除普查和详查结果，实现对重大地质灾害隐患的核查。

5.2.4　实施路线

管道泄漏检测与溢油评估方案建设实施路线如图 5.24 所示。以感知的数据为基础，建设管道泄漏失效频率计算、管道泄漏事故预测、油品泄漏强度预测、溢油漂移与扩散轨迹预测、溢油围栏布防等机理模型，开发相应的功能模块进行智能决策。

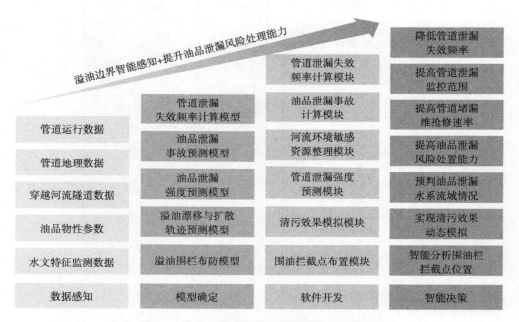

图 5.24　管道泄漏检测与溢油评估方案建设实施路线

自然和地质灾害监测与预警方案实施路线如图 5.25 所示。以感知的数据为基础，建立地质灾害等级划分、地质灾害发展趋势预测、地质灾害风险预判、地质灾害动态调整和山地管道应力应变监测等功能模型，开发相应的功能模块进行智能决策。

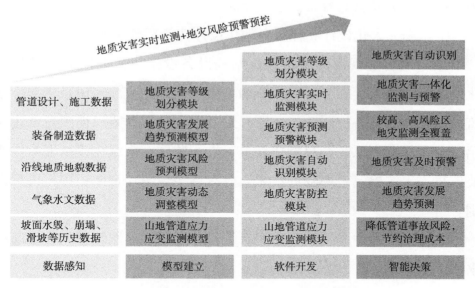

图 5.25 自然和地质灾害监测与预警方案实施路线

5.3 区域化管控建设方案

中缅原油管道集中调控、集中监视、集中巡检以及站场的无人值守是智能化建设的迫切需求。管道区域化管控，对管道安全生产，降本增效有着重要的意义。区域化管控是一种新的探索，现阶段还不成熟，因此在管道智能化建设的背景下推进区域化管控，通过分工管理合作、远程监控、数据共享，达到科学决策，实现资源优化配置，建立健全山地管道区域化管控体系。

5.3.1 建设需求

（1）运检维、集中调控、集中监视、集中巡检难度较大。

中缅原油管道是一条大规模的跨国原油管道，从瑞丽至禄丰干线管道以及安宁支线，管道距离长，沿线缺乏足够的监视、预测和控制手段，需要日常巡线，巡线难度大，增加了员工劳动强度。统一运维、应急响应、集中监控、集中巡检能力需要进一步提升。

（2）站场无人化设计和程序自动化设计功能有待完善。

中缅原油管道现有网络链路、站场设备设施、管理技术手段等与区域化改革管理需求存在一定差距，如：中心站不能全部实现对非中心站进行监视，且尚不具备控制功能；原有工业电视及移动监视视频尚未建立智能第三方图像识别系统，只能依靠人工进行监屏；区域化改革下，作业区主要依靠人工巡检，效率较低；无人机有待实现图片智能识别与风险自主识别。

（3）需要提升中心站、分公司对管道、站场分区域管理的全面远程控制水平。

目前中缅原油管道分公司按线管理，同一区域内多家分公司并存，区域重叠，存在管理交叉，资源浪费现象等问题。部分站场距离较近，但是人力资源、接卸器具不能共享，特别是管道巡护方面，多家分公司在同一并行管道重复巡检，造成不必要的资源浪费，全面远程控制水平需要进一步提升。

（4）站场无人化设计和程序自动化设计功能有待完善。

中缅原油管道目前已经将人力、物力集中在中心站，小站只有应急值班，已经初步实现区域化管控。但是自动化程度不高，仍保留作业区值班监督功能，无法实现资源的合理配置，不能完全做到"集中监视、集中巡检、集中维修"，尚未实现无人站场区域化管控，因此，站场无人化设计和程序自动化设计功能有待完善。

（5）山地管道通信系统安全保障难度较大。

区域化的现场维护和应急相关的通信系统大多采用的国外的数据库、服务器、CPU和芯片等，通信设备核心器件受制于人的局面、计算机网络通信安全问题也逐渐暴露出来。依托区域化的现场维护和应急相关的通信系统安全保障水平有待提高。

5.3.2　建设目标

中缅原油管道区域化管控建设目标如下。

（1）多站场区域化维抢修及应急响应时间缩短 30%。

（2）应急事件自动报警准确率提高 50%。

（3）中心站、分公司区域管道信息化及自动化软硬件覆盖率大于95 %。

（4）区域化通信系统安全防御软件实现国产化。

（5）山区管道实现无人站场，作业区巡转变为管道智能巡检。

（6）优化应急抢险布局，构建集中监视、集中巡检的运维抢一体化管理模式。

5.3.3　管控模式

为实现中缅原油管道区域化管控，以 SCADA 系统、远程操作系统、通信系统、逻辑控制系统等为支撑，主要从集中远控、区域化管理、站场无人值守三个方面实现山地管道区域化管控模式，如图 5.26 所示。

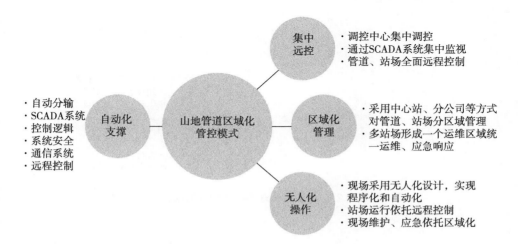

图 5.26　山地管道区域化管控方案基本模式

（1）区域化管理。

调控中心、分公司、作业区、维抢修队实施"四位一体"的运行控制与维护模式，减少站场运行人员的工作内容，提高作业区人员维护保障能力，扩充作业区自主运维与修理的范围与职责。① 总调度控制中心：实行 24h 管道运行参数实时监控与调整，负责管道各站场的远程控制和操作，负责工艺参数的调节、设备启停和切换，根据生产安排进行流程切换，下达调度命令，对设备故障情况进行反馈和通报。② 分公司调度室：实行 24h 故障情况实时监视与协调处理，负责生产调度岗位相关工作；负责所监视区域的生产运行集中监视工作，及时发现设备设施的异常状态，及时通知站场确认并处置异常工况；对发现的关键设备（系统）故障信息进行应急响应相关工作。③ 作业区：实行周期巡检方式，每周不少于两次，发现故障时及时到现场处理。负责站场和阀室设施设备的集中维护保养、故障处理和应急处置（图 5.27）。

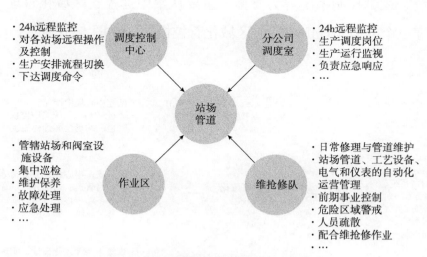

图 5.27　区域化管理各级机构分工示意图

（2）集中远控。

总调度控制中心对各站场集中调控，通过 SCADA 系统集中监视，实现管道、站场全面远程控制。各分站场至分控中心以及分控中心至分公司调度室开通专用电路，分控中心采集各站场数据，包括工艺运行数据、设备维护数据，由分控中心中间数据库组态完成后，反传至各分公司调度室，作为分公司调度室监控和远程巡检的数据来源。集中远控数据流向如图 5.28 所示。

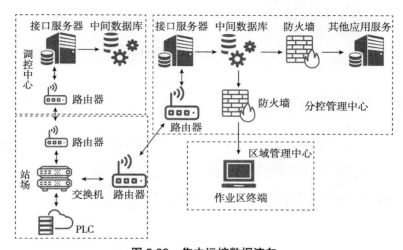

图 5.28　集中远控数据流向

（3）站场无人值守。

站场无人值守是一个系统的工程，依托于站场及管道集中远程控制，调控中心、分公司、作业区、维抢修队"四位一体"的运行控制与维护的区域化管理模式，依靠站场管线各个功能程序化、自动化、智能化逻辑控制水平的提升，突破级别的限制，实现"无人操作、无人值守、无人看护、有人管理"的无人站建设目标，如图 5.29 所示。

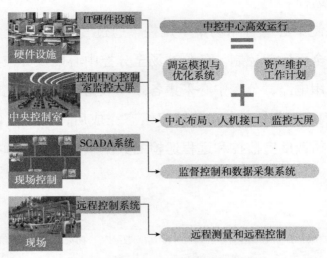

图 5.29　站场无人值守系统框架

5.3.4　实施路线

从数据感知、模型建立、软件开发、智能决策 4 个方面，站场及管道逐步由传统管理模式向区域化管控模式转变，实现集中监控与运维抢一体化的区域化管理方案建设的目标，实施路线如图 5.30 所示。

图 5.30　山地管道区域化管控方案实施路线图

6 全生命周期完整性管理系统建设方案

全生命周期完整性管理系统的建设是管道智能化运行、构建管道和站场数字孪生体的核心内容，是管道实现智能决策与优化的重要组成部分，包括管道全生命周期完整性管理、站场全生命周期完整性管理两部分。针对中缅原油管道地震活动频繁、地形起伏剧烈、大量穿越山体隧道、跨越国际河流多等特点，提出了适用于山地、站场完整性管理的机理模型和智能决策模型，形成了相应的实施路线（图 6.1）。

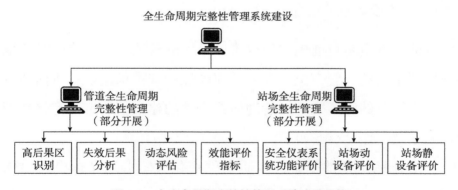

图 6.1 全生命周期完整性管理系统建设架构

6.1 管道全生命周期完整性管理功能建设方案

管道全生命周期完整性管理是包含管道规划、可行性研究、初步设计、施工图设计、工程施工、投产、竣工统一的全周期管理系统，实现管道从规划到报废的全业务、全过程信息化管理。管道全生命周期管理要素如图 6.2 所示。

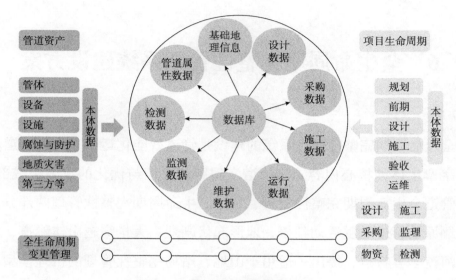

图 6.2　管道全生命周期管理要素

6.1.1　建设难点

中缅油气管道是目前国内建设难度最大的管道，其线位受沿线地理和社会环境严重制约，管道全生命周期完整性管理需求迫切。目前基本完成了"上下衔接"的管道完整性管理体系文件的建设，奠定了完整性管理功能建设的基础，建设难点如下：

（1）沿线地质条件复杂，地质条件变化大。沿线穿越横断山脉等多条大型山脉、活动地质断裂带 3 条、地质条件变化监测难度大、地质灾害频发。

（2）高陡边坡、隧道、穿跨越多，管道本体安全风险大。沿线 80% 以上在山区，大中型河流穿越 11 处，山体隧道 12 处。

（3）地形复杂，风险点分散，巡检监控难度大。高山峡谷众多，风险点风险，众多风险点难以实现管道巡检和实时监控。

（4）完整性监测、现场复核和完整性评价工作量大、难度高。

6.1.2　建设目标

中缅原油管道全生命周期完整性管理功能建设目标如下：

（1）融合 SCADA、GIS、视频监控、无人机巡线、天地一体化技术、智能内检测等技术，实现管道安全状态数据的全面感知、高后果区自动、动态识别。

（2）基于 GIS 的中缅原油管道高后果区识别和评价技术研究。

（3）建立管道失效概率、事故后果分析、完整性评价检测技术。

（4）建立完整性管理效能评价指标体系，实现管道完整性闭环管理，提升管道本质安全。

6.1.3　分析模型

为实现山地管道全生命周期完整性管理方案建设，提出了山地管道全生命周期完整性管理流程，如图 6.3 所示。管道完整性管理技术主要包括数据采集与整合、高后果区识别、风险评估、完整性评价、维修与维护和效能评价 6 个方面内容。对这 6 个方面的内容进行分析，从而研究目前管道完整性管理新技术。

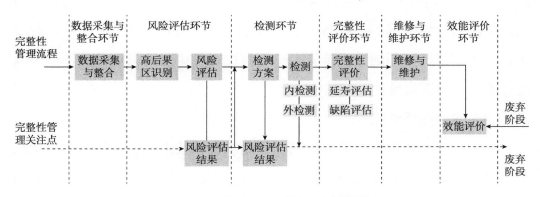

图 6.3　山地管道全生命周期完整性管理流程

（1）数据采集与整合。

利用物联网技术构建统一的管道完整性管理数据平台。应用物联网、移动互联网等新技术，通过"端＋云"的数据采集方式，实现管道系统各类数据在 PC 及移动设备端交换和共享，全面提升管道本体感知交互可视水平，如图 6.4 所示。

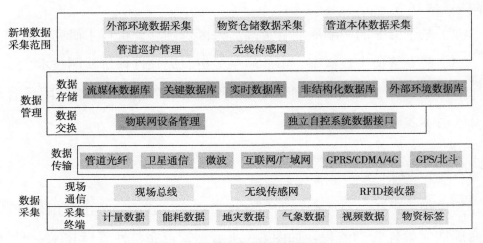

图 6.4　管道完整性管理数据平台

（2）高后果区识别与管道风险评价。

根据相关规范中的识别准则可确定管道高后果区等级，其分析流程如图 6.5 所示。对识别出的危害因素应进行评价以确定其风险的高低，从而明确相应的管控措施。一般情况下，是结合管道固有属性及外部环境的变化将管道划分为不同的评价单元，然后再进行各单元的风险评价，得出风险评价值作为管道维护运营的依据。

（3）完整性评价技术。

管道完整性评价是指采取适用的检测或测试技术，获取管道本体状况信息，结合材料与可靠性分析，对管道的安全状态进行全面评价，从而确定管道适用性的过程。结合漏磁检测技术、超声波检测技术与分级评价理念，建立管道完整性评价模型可以保证中缅原油管道的安全运行，如图 6.6

所示。该模型的实施需先进行管道检测，在管道检测的基础上再进行管道评价，管道检测由选择待评价管段、埋设磁标记点、检测前清管、分析检测数据和开挖验证5个部分构成，当管道检测合格后就进入管道评价阶段。

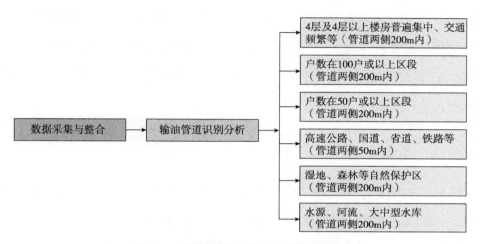

图6.5　输油管道高后果区识别分级流程

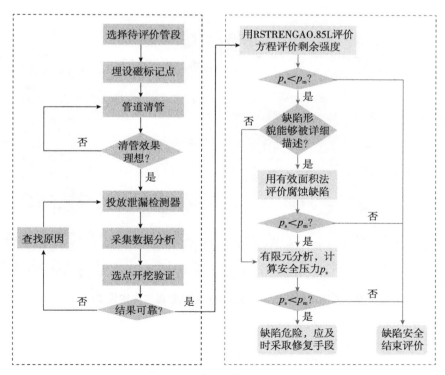

图6.6　管道完整性评价模型

（4）管道完整性管理效能评价。

管道完整性管理效能评价是指管道自身设施设备和功能的完整性状态，效能评价直接影响管道完整性状态的管理措施。管道完整性管理效能评价包含管道的适用性评价、管道运行过程中的风险评价和维修维护，以及管道的失效管理。这三个指标可直观反映出管道的完整性状态。以此三个指标为指标层元素，结合相应的完整性管理标准，制订管道完整性状态评价指标。

6.1.4 实施路线

图 6.7 为山地管道全生命周期完整性管理方案实施路线。以感知数据为基础，开发机理模型及相应软件模块，达到减少管道事故、减轻事故后果、识别高风险区域、优化管道维护方案等智能决策效果。

图 6.7 山地管道全生命周期完整性管理方案实施路线

6.2 站场全生命周期完整性管理功能建设方案

站场全生命周期完整性管理对持续改进、减少和预防站场事故发生以及经济合理地保证设备设施安全运行具有重要意义。为实现对站场生产安全风险点的全面监控，保障站场生产活动的本质安全。开展了站场全生命周期完整性管理功能建设的研究，重点建立了站场全生命周期完整性管理框架和流程。站场全生命周期完整性管理方案主要包含两个方面：站场完整性管理及设备全生命周期管理。站场完整性管理是以站场完整性评价技术为支撑，对站场进行风险管理与评价。设备全生命周期管理针对设备入库、存储、出库阶段的监控及管理，包括设备的运行、维护、维修、专业管理等，建设专业的设备管理系统，实现设备全生命周期的状态监控与预测。

6.2.1 建设难点

中缅原油管道站场的全生命周期完整性管理建设难点如下：

（1）对站场国产化设备进行完整性评价，降低设备故障率。

（2）设备全生命周期管理与规划、设计、存储、运输、施工、维修、改造、更新、报废等其他9个阶段的数据实现共享互联。

（3）设备维护由以事后维修和定期维护逐步过渡实现设备预知性维护。

6.2.2 建设目标

站场全生命周期完整性管理包括以下建设目标：

（1）建立站场全生命周期管理与健康运行体系，实现站场设备远程监测诊断与状态评价，站场定量风险评价与机组健康管理。

（2）建立设备部件智能供应链体系，掌握设备、部件的供应量及出库率，实现设备部件按需调用、精准供应。

6.2.3　分析模型

站场全生命周期完整性管理是在对站场的设计、施工、完工、运行维护及废弃阶段所有信息进行分析整合，进行站场动态管理的必要手段。站场全生命周期完整性管理的核心是设备的完整性管理。根据设备类型及易发生的故障模式，目前国内将站场设备分为静设备、动设备及仪表系统，分别按 RBI、RCM、SIL 分别对静设备、动设备及仪表系统进行风险管理。基于上述技术建立站场全生命周期完整性管理模型。站场设备完整性管理体系如图 6.8 所示。

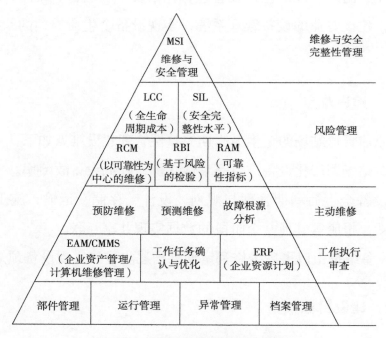

图 6.8　站场设备完整性管理体系

（1）站场全生命周期完整性管理流程。

站场全生命周期完整性管理首先要分析站场管理的特点，根据不同的阶段建立每一阶段的场站完整性管理文件，文件覆盖场站的主要设备设施和周围环境，然后从风险的识别开始，按照设备设施、人员误操作、工艺管线的风险进行识别，再通过站场风险管理的技术方法，如 RBI、RCM、SIL、QRA（定量风险评价）等技术进行风险分级和排序，确定设备设施的维护周期和时间。基于维护周期和时间，进行风险预防和控制，同时，建立站场基础数据库，使数据与管理的各个环节紧密结合，持续改进站场完整性管理流程（图 6.9）。

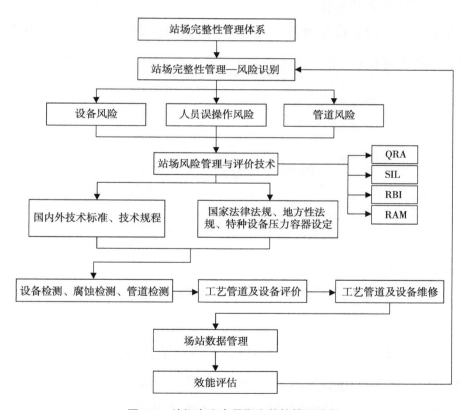

图 6.9　站场全生命周期完整性管理流程

（2）基于量化风险的站场静设备检测评价技术模型。

站场静设备检测评价技术（RBI）以风险分析为基础。RBI 采用系统论的原理和方法，对各生产过程设备进行风险评估，包括失效可能性和失效后果的评估，按照风险级别的大小，找出薄弱环节，优化检验的效率，降低检维修费用，提出安全技术建议及对策。RBI 失效可能性分析主要在于研究设备的失效机理。失效可能性分析的类型包括定性分析和定量分析两种。无论使用哪一种分析，失效可能性都必须考虑运行环境引起的设备材料结构的失效机理和速率，确定失效模式，识别和监控运行失效机理的有效性，通过将预期的失效机理、失效速率或敏感性、检测数据和检测有效性的结合，明确每种失效类型和失效模式的失效可能性。RBI 后果分析是在风险分析的基础上建立一个设备项的相对排序，主要考虑了设备失效后对站场生产经营、设备维修、安全和环境破坏等造成的损失，涵盖了经济、安全和环境 3 个方面。RBI 是一个动态的、持续改进的过程，如图 6.10 所示。

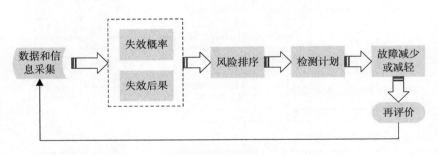

图 6.10　RBI 动态改进流程

（3）以可靠性为中心的站场动设备维护评价技术模型。

RCM 模型主要用于站场动设备风险评价以及预防性维修周期优化。RCM 包含了预测维修、预防维修和主动维修任务，采用优化的维修策略任务使维修资源得到合理利用，降低检修工作量和设备故障频率。RCM 评估过程包括制订 RCM 计划、确定实施范围、数据收集和统计分析、系统划分和功能描述、故障模式影响分析、设备重要度确定、检查 / 维护策略制订等环节，流程如图 6.11 所示。

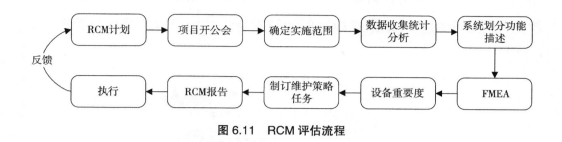

图 6.11　RCM 评估流程

（4）安全仪表系统功能的安全评价技术模型。

安全仪表系统的评价技术采用 SIL 模型，用于仪表设备失效概率定量计量，可为仪表完整性定级、设备维护周期提供依据。鉴于测评人员对信息系统等级保护测评中网络安全评估的测评指标理解的局限性、评价的模糊性以及量化打分中判定区间的不确定性，将云模型与贝叶斯反馈算法相结合，采用云模型理论来处理评估结果的模糊性和随机性。通过建立贝叶斯反馈云模型，对给出的测评结果进行检验和修正，使评估结果更加客观，准确。

（5）站场设备全生命周期管理。

站场设备种类多、数量大且分布较零散，难以全方位掌握设备生产关键信息。因此对设备进行全生命周期管理，主要包括设备的运行管理、维护管理、维修管理、专业管理、统计分析、巡检管理及主要能耗设备数据传输和集中管理功能。采用设备技术状态在线监测、可靠性指标及设备状态预警等技术，逐步实现预测性维修，建立以设备基础信息管理、设备运行管理、技术标准管理、预警管理、计划管理、工单管理、变更管理、统计分析管理为主的生产智能管理业务体系。

6.2.4　实施路线

从数据感知、模型建立、软件开发、智能决策 4 个方面分阶段建设站场全生命周期完整性管理具体功能。通过场站完整性评估技术和管理手段的实施，全面系统地指导中缅原油管道所辖站场的运行维护与管理（图6.12）。

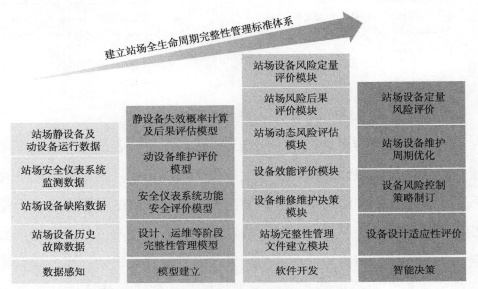

图 6.12　站场全生命周期完整性管理方案实施路线

6.3　山地管道电气系统建设方案

中缅原油管道站场具有不间断电源型式 UPS、电源。站内消防负荷采用双电源自动切换供电，以保证消防状态下的电源供应。消防状态下，配电系统根据接收的泵起动控制命令，完成相应的消防泵的启动操作。各个输油站场的变电所主接线及运行方式见表 6.1。供配电系统负责为中缅原油管道各用电设备提供及分配电能，随着中缅原油管道智能化建设，需要投入更多的仪表设施对管道、站场运行数据和设备状态信息进行监测，用电设备数量增多，功率增大，同时对供配电系统的可靠性要求也越来越高。

表 6.1　各输油站场供配电系统

站场	供电方式	变压器	接线方式	运行方式
瑞丽	双电源	2台	110kV、6kV、0.4kV侧单母分段接线	两台主变分列运行，各级母联断开
保山泵站、保山压气站	双电源	2台	110kV、6kV、0.4kV侧单母分段接线	两台主变分列运行，各级母联断开
禄丰分输泵站、弥渡泵站、芒市泵站	双电源	2台	35kV、6kV、0.4kV侧单母线分段	两台主变分列运行，各级母联断开
安宁末站	单电源	1台	10kV侧为线路变压器组接线，0.4kV单母线接线	市电供电

电气仪表在类型的选择、安装与调配上要与标准规范相符合，实现进行预案与应急要求相符合，促进电气仪表工作质量以及省电效用的提高；结合网络和电力系统的通信技术，比如TCP/IP，实现对各个网络节点数据的收集和监控，实现电气系统智能化；应用FCS现场总线技术，实现设备、仪表互联，能减少电气和仪表工程装置的使用成本，节省安装材料和费用，实现机电一体化。

6.4　山地管道通信与信息系统建设方案

6.4.1　通信系统建设方案

中缅原油管道站场通信主要以SCADA系统光纤通信作为主信道，卫星作为备用通信。远控线路截断阀室的RTU通过光缆将数据传输给与其相邻的干线站场，并通过该站的站场控制系统将数据传输给调控中心。各分公司与各管理处设置的区域显示终端与调控中心之间采用光缆进行数据通信。各分公司的区域显示终端也可以直接由各站上传数据。随着中缅原油管道智能化建设，需要利用人工智能技术，如无人机、数字孪生体等，实现站场无人化管理、山区卫星通信等功能，这对通信网络提出了更高的要求。

通讯工程建设中比较常用的通信方式有两种：有线通信和无线通信。中缅原油管道通信系统建设以光纤通信为主，无线通信为辅。有线通信为利用光纤载体对接入网内部信息进行传输，对于终端设备之间的传输，则需借助传输设备进行连接控制；无线通信为 NB-IoT、LoRa、5G 等无线通信技术。

（1）管道沿线通信系统。

针对管道沿线的通信系统，主要采用有线通信和无线通信相结合。对于腐蚀监测、土体位移等固定监测类低速数据，主要采用低速无线传输方式；对于与高后果区视频监测等固定视频数据采用 NB-IOT 与 OTN 光纤传输网络相结合的传输方式；对于地面巡检视频等移动监测类低速数据，采用北斗卫星通信；地面移动视频类数据采用光纤输送。

（2）站场阀室通信系统。

针对站场阀室通信系统，主要采用有线传输方式。手动及监视阀室用以太网交换机和引接光缆汇聚到 OTN 光纤通信网络；站场汇聚到 OTN 光纤通信网络。具体不同类型业务数据采用的通信方案和主要技术见表 6.2。其中，SCADA 数据：通过局域网实现中间数据库与数据中心平台的集成。由数据中心统一对其他信息系统提供 SCADA 数据服务；固定视频监控（场

表 6.2　通信系统智能化建设主要技术

业务类型	通信方案	主要技术
SCADA数据	中间数据对数据中心	广域网
场站视频监视	场站视频由地区公司统一监控和存储，同时为满足应急指挥中心等多级监控和分级管理要求，应提供视频接入功能	管道光纤
线路固定视频	线路视频汇总至场站或者调室，接入管道光纤。在作业区统一监控和存储，提供总部视频接入功能	点对点微波与管道光纤相结合

续表

业务类型	通信方案	主要技术
线路移动视频	无人机巡护传输至作业区统一监控和存储，提供总部视频接入功能	光纤、4G/5G
信息系统	信息系统数据库对数据中心点对点通信	广域网
管道物联网	对于线路上固定检测类低速数据和移动监测低速数据选择低速无线传输方式	移动公共网络、卫星通信NB-IoT、北斗、Zigbee

站、管线），通过接入管道光纤，在地区公司统一监控和储存视频数据，总部按需接入视频监控；信息系统数据，通过广域网实现信息系统数据库与数据中心平台的集成；管道物联网数据，线路部分的数据可以通过移动网络，卫星通信和物联网作为补充手段。

6.4.2 信息系统建设方案

目前中缅原油管道信息系统存在以下主要问题。（1）名称冲突：存在同义异名现象，不同系统之间数据转换要设计不同接口来解决应用集成。（2）值域冲突：同一数据库内数据的取值范围以及度量单位不统一。（3）分类不统一：不同专业和应用之间由于出发点不同，对同一类信息有不同的分类。（4）有效性低：系统数据录入信息不规范，未被使用的字段较多。（5）信息孤岛：系统之间互通性不足，各系统相对独立。

信息系统智能化建设技术架构主要包括自控系统、物联设备、工业网络、边缘服务、信息系统开发及集成、大数据服务、专业计算及仿真、信息安全、数据可视化和移动应用共 10 类技术。

（1）自控系统：在上位机应用国产 PCS 软件，在下位机应用国产 PLC 和工业网关。（2）物联设备：安装部署 RFID、可穿戴设备、智能仪表、卫星影像、测斜仪、雨量计、土体位移传感器等设备，实现数据的采集。（3）工业网络：在站场应用工业总线、光纤、卫星通信、WiFi 技术，在线路应用 Zigbee、NB-IoT、LET 技术，实现数据的传输。（4）边缘服务：在基层站队或作业区应用实时数据库、流数据库技术，在地区公司和调度中心应用中间数据库，统一支持 OPC、IEC104 等接口，通过在下位机使用智能芯片、在网关或者上位机进行分析算法前置支持边缘计算服务。（5）信息系统开发及集成：与原有信息系统开发平台、中间件、web 服务，工作流引擎进行集中部署，并实现与 ERP 集成。（6）大数据服务：实现管道各类数据的高质量、稳定接入到平台，面向时序数据，提供分布式消息队列。面向对象数据，提供并行数据导入程序；面向关系数据，提供 ETL 工具。（7）专业计算及仿真：面向各类应用提供数据分析服务，包括模型库、算法库，以及图形化建模工具。部署专用仿真软件实现对管道运行的各类机理模型离线和在线应用，仿真包括流体力学、热力学、固体力学、材料力学、声学等。（8）信息安全：按照 ISO27000、ISO27001 体系建设信息安全体系，包括身份认证、访问控制、入侵检测、漏洞扫描、内容安全、监控审计等技术。（9）数据可视化：提供各类可视化工具，实现自定义程度高的可视化展现，提供三维可视化提供服务。（10）移动应用：使用 Phonegap 开发框架，全面支持 HTML5 技术规范，移动应用 APP 兼容 IOS 和 Android（图 6.13）。

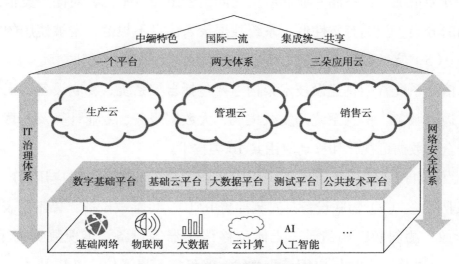

图 6.13 信息系统智能化建设蓝图

通过集成上述 10 类技术的智能信息系统智能化建设，最终打破数据孤岛，实现信息"集成共享、互联互通"，加强信息系统深化应用和整合。在统一的数字基础平台上，持续完善 IT 治理、网络安全两大保障体系，加快推动生产云、管理云、销售云三朵应用云的建设与应用。

参考文献

[1] 王学军，陈怡静，余志峰，等．中缅油气管道工程建设难点与创新设计 [J]. 油气储运，2014，33（10）：1039-1046.

[2] E.B. Priyanka，C. Maheswari，S. Thangavel，et al. Online monitoring and control of flow rate in oil pipelines transportation system by using PLC based fuzzy - PID controller[J]. Flow Measurement and Instrumentation，2018，123（12）：144-151.

[3] 张盼盼．海上油气井测试地面流程流动仿真与应用 [D]. 成都：西南石油大学，2017.

[4] 王振业，李江飞，付东，等．流体管道瞬态流动模型研究 [J]. 油气田地面工程，2017，36（1）：50-53.

[5] 王斌，邵晓，徐志诚．成品油管网的"白箱"在线仿真 [J]. 油气储运，2014，43（6）：669-672.

[6] Santos-Ruiz，J.R. Bermúdez，F.R. López-Estrada，et al. Online leak diagnosis in pipelines using an EKF-based and steady-state mixed approach [J]. Control Engineering Practice，2018，15（8）：55-64.

[7] Byunghyun Ahn，Jeongmin Kim，Byeongkeun Choi. Artificial intelligence-based machine learning considering flow and temperature of the pipeline for leak early detection using acoustic emission [J]. Engineering Fracture Mechanics，2019，69（1）：381-392.

[8] 李斌，刘明亚，牟静，等．管道流体的瞬态仿真模型 [J]. 科技传播，

2016，8（11）：43–51.

[9] 董荣国，胡景军 . 华东成品油管网模拟仿真与培训系统的开发研究 [J].
石油化工自动化，2015，51（6）：43–45.

[10] 李树杉 . 长输热油管道在线仿真与运行优化技术研究 [D]. 天津：天津
大学，2016.

[11] 冯维维 . 原油库存调度及热油管道优化技术研究 [D]. 西安：西安石油
大学，2013.

[12] 宋玉梅 . 探究基于 SCADA 和 GIS 的油气调控运行系统 [J]. 工程建设与
设计，2018，2（22）：274–275.

[13] 罗焕 . 庆哈输油管道生产运行数值模拟及调度方案优化 [D]. 大庆：东
北石油大学，2010.

[14] 梁潇 . 基于遗传算法的油气管道线路优化研究 [D]. 成都：西南石油大
学，2015.

[15] 王浩，梁伟，林扬 . 输气管道运行优化方法研究 [J]. 石油石化节能，
2016，6（11）：8，16–17.

[16] 代晓东，刘江波，党丽，等 . 国内外油气管道清管技术现状 [J]. 石油工
程建设，2017，43（1）：12–16.

[17] 田震，敬加强，靳文博，等 . 含蜡原油管道安全经济清管周期模型的
建立与计算分析 [J]. 中国海上油气，2015，27（2）：123–127.

[18] Wang W，Huang Q，Li S，et al. Identifiying optimal pigging wax deposition
distribution[C]// 2014 10th International Pipeline Conference. American
Society of Mechanical Engineers，2014，53（15）：152–157.

[19] 户凯，张帆，王圣洁，等 . 低输量含蜡原油管道蜡沉积与清管周期研
究 [J]. 油气田地面工程，2018，37（5）：6.

[20] 全青，吴海浩，高歌，等 . 不同温度下单相含蜡原油的蜡沉积规律 [J].
油气储运，2014，33（8）：852–856.

[21] Ying Xie，Diwen Chen，Fangrui Mai. Economic pigging cycles for low-throughput pipelines[J]. Advances in Mechanical Engineering,2018,10（11）：168–175.

[22] 袁兆祺 . 英牙凝析油管道蜡沉积及清管周期研究 [D]. 成都：西南石油大学，2018.

[23] 户凯，杨超，玉德俊，等 . 多约束条件清管周期优化模型研究 [J]. 北京石油化工学院学报，2017，52（4）：16–20.

[24] 刘明阳 . 新建保温原油管道经济清管周期预测 [J]. 油气田地面工程，2018，37（3）：25–28.

[25] 李循迹，孟波，常泽亮，等 . 含蜡原油输送管道清管周期预测模型研究 [J]. 天然气与石油，2018，36（5）：7–11.

[26] 袁庆，吴浩，马华伟，等 . 长距离大落差重油管道停输再启动研究 [J]. 油气田地面工程，2017，9（11）：66–69.

[27] 张博夫 . 输油管道不同工况停输再启动过程数值模拟 [J]. 化工管理，2017，7（9）：57–60.

[28] 雷启盟，贾海洋，付晓明 . 热油管道停输再启动数值模拟 [J]. 辽宁化工，2017，23（12）：1182–1185.

[29] 王倩楠，王佳楠，李哲，等 . 苏嵯输油管道停输再启动数值模拟 [J]. 辽宁化工，2016，13（4）：516–518.

[30] 宇波，付在国，李伟，等 . 热油管道大修期间停输与再启动的数值模拟 [J]. 科技通报，2011，27（6）：95–99.

[31] 苏炳辉，邓子璇，邵游凯，等 . 定靖复线停输再启动过程研究 [J]. 管道技术与设备，2016，15（1）：8–11.

[32] 刘承昱 . 低输量输油管道停输再启动数值计算 [J]. 辽宁化工，2016，15（3）：337–339.

[33] 杨辉，许丹，王一然 . 热油管道停输再启动模拟试验研究 [J]. 中国石油

和化工标准与质量，2016，36（10）：123-126.

[34] 黄维和，郑洪龙，李明菲. 中国油气储运行业发展历程及展望 [J]. 油气储运，2019，38（1）：1-11.

[35] 温凯，张文伟，宫敬，等. 天然气管道可靠性的计算方法 [J]. 油气储运，2014，33（7）：729-733.

[36] 范慕炜，宫敬，伍阳，等. 天然气管网可靠性评价方法研究现状 [J]. 油气储运，2015，34（4）：343-348.

[37] 李明菲，周利剑，郑洪龙，等. 我国天然气管网系统可靠性评价技术现状 [J]. 油气储运，2015，34（5）：464-468.

[38] Li C Q，Fu G Y，Yang S T. Elastic fracture toughness for ductile metal pipes with circumferential surface cracks[J]. Key Engineering Materials，2017，730（4）：489-495.

[39] Guo yang Fu，Wei Yang，Chun-Qing Li. Stress intensity factors for mixed mode fracture induced by inclined cracks in pipes under axial tension and bending[J]. Theoretical and Applied Fracture Mechanics，2017，89（17）：25-30.

[40] Zhao Jing，Jian qiao Chen，Xu Li. RBF-GA：An adaptive radial basis function metamodeling with genetic algorithm for structural reliability analysis[J]. Reliability Engineering and System Safety，2019，15（4），189.

[41] S.A. Timashev，A.V. Bushinskaya. Markov. approach to early diagnostics，reliability assessment，residual life and optimal maintenance of pipeline systems[J]. Structural Safety，2015，56（45）：123-135.

[42] Maciej Witek. Gas transmission pipeline failure probability estimation and defect repairs activities based on in-line inspection data[J]. Engineering Failure Analysis，2016，45（16）：70.

[43] KaiWen，LeiHe，JingLiu，et al. An optimization of artificial neural network modeling methodology for the reliability assessment of corroding natural gas pipelines[J]. Journal of Loss Prevention in the Process Industries，2019，60（3）：1–8.

[44] Sareh Naji，Afram Keivani，Shahaboddin Shamshirband，et al. Estimating building energy consumption using extreme learning machine method[J]. Energy，2016，97（9）：67–89.

[45] Gintautas Dundulis，Inga Zutautaitė，Remigijus Janulionis，et al. Integrated failure probability estimation based on structural integrity analysis and failure data：Natural gas pipeline case[J]. Reliability Engineering and System Safety，2016，156（7）：195－202.

[46] 徐杰，李洋，刘亮，等. 基于 Web GIS 的管道完整性管理系统的设计与实现 [J]. 油气储运，2016，35（7）：729–733.

[47] 卢茂林. GIS 在油气长输管道完整性管理中的应用 [J]. 中小企业管理与科技（中旬刊），2018，23（2）：35–36.

[48] 董绍华，张河苇. 基于大数据的全生命周期智能管网解决方案 [J]. 油气储运，2017，36（1）：28–36.

[49] 李亚平. 基于 BP 神经网络的油气管道高后果区自动识别方法研究 [J]. 当代石油石化，2019，27（2）：38–42.

[50] Edet Afangide，Jyoti K. Sinha，K.B. Katnam. Quantified approach to pipeline health and integrity management [J]. Journal of Loss Prevention in the Process Industries，2018，46（5）：28–36.

[51] Mihir Mishra，Vahid Keshavarzzadeh，Arash Noshadravan. Reliability-based lifecycle management for corroding pipelines [J]. Structural Safety，2019，57（5）：1–14.

[52] Andika Rachman，R.M. Chandima Ratnayake. Machine learning approach

for risk-based inspection screening assessment [J]. Reliability Engineering & System Safety，2019，52（9）：518-532.

[53] 邱光友，王雪．油气管道内检测技术研究进展 [J]. 石油化工自动化，2020，56（1）：1-5.

[54] Mingjiang Xie，Zhigang Tian. A review on pipeline integrity management utilizing in-line inspection data [J]. Engineering Failure Analysis，2018，38（7）：222-239.

[55] 俞树荣，张义远．管道完整性管理效能评价双指标体系的建立与应用 [J]. 兰州理工大学学报，2018，44（4）：66-70.

[56] 张海峰，蔡永军，李柏松，等．智慧管道站场设备状态监测关键技术 [J]. 油气储运，2018，37（8）：841-849.

[57] 张慕乔，玄子玉．PLC下远程监控及故障诊断的思考 [J]. 通信电源技术，2018，35（2）：255-256.

[58] Wan L，Zhang Z J，Wang J. Demonstrability of Narrowband Internet of T-hings technology in advanced metering infrastructure[J]. EURASIP J Wirel Commun Netw，2019，2（2）：1-12.

[59] 何清，李宁，罗文娟，等．大数据下的机器学习算法综述 [J]. 模式识别与人工智能，2014，27（2）：327-336.

[60] Turabieh H，Mafarga M，Li X. Iterated feature selection algorithms with la-yered recurrent neural network for software fault prediction[J]. Expert Systems with Applications，2019，11（122）：27-42.

[61] Oishi A，Yagawa G. Computational mechanics enhanced by deep learning[J]. Computer Methods in Applied Mechanics and Engineering，2017，21（327）：327-351.

[62] Wielgosz M，Skoczen A，Mertik M. Using LSTM recurrent neural networks f-or monitoring the LHC superconducting magnets[J]. Nuclear Instruments

and Methods in Physics Research Section A：Accelerators，Spectrometers，Det-ectors and Associated Equipment，2017，2（867）：40-50.

[63] 龚安，马光明，郭文婷，等．基于 LSTM 循环神经网络的核电设备状态预测 [J].计算机技术与发展，2019，12（9）：1-8.

[64] 张强．成品油贸易交接双方计量误差产生的原因及对策 [J].炼油与化工，2018，29（3）：50-51.

[65] Arif A，Al-Hussain M，Al-Mutairi N，et al. Experimental study and design of smart energy meter for the smart grid[C]. Renewable & Sustainable Energy Conference. 2013.

[66] Danielly B，Joel J，Simion G.B.Martins，et al. Energy meters evolution in smart grids：A review[J]. Journal Of Cleaner Production. 2019，217（20）：702-715.

[67] 何骁勇，洪毅，高军，等．液超声流量计用于原油贸易交接计量跟踪研究 [J].仪器仪表用户，2018，25（7）：1-5.

[68] 袁杰，张俊．质量流量计在成品油贸易交接计量中的应用探讨 [J].河南化工，2017，34（5）：47-49.

[69] 刘宪英．Jiskoot 在线自动取样系统在原油贸易交接计量中的应用 [J].中国计量，2015（10）：69-70.

[70] 肖坚红，严小文，周永真，等．基于数据挖掘的计量装置在线监测与智能诊断系统的设计与实现 [J].电测与仪表，2014，51（14）：1-5.

[71] 王鹏，傅子明，邱南阳，等．基于物联网的计量终端在线故障诊断系统 [J].水电能源科学，2017，35（1）：196-199，114.

[72] 李俊，刘恒，肖坚红．计量装置在线监测与智能诊断系统设计与研究 [J].仪表技术，2014，12（10）：30-34.

[73] 韩巍，陈行川，郑传波，等．智能化流量计检定系统的应用初探 [J].工业计量，2018，28（5）：80-83.

[74] 丁风海，沈小青，邱斌，等．计量管理和自动化测试一体化系统设计与开发 [J]．自动化与仪表，2014，29（6）：41-44．

[75] 危阜胜，肖勇，陈锐民．故障诊断技术在计量自动化系统中的应用 [J]．电测与仪表，2013，50（8）：93-97．

[76] 毕思海，郭兴，王艺．质量流量的测量及流量计的动态监测 [J]．山东工业技术，2017，17（20）：263．

[77] 林志良，钱光，罗艳，等．基于物联网的智能水网自动化计量监控管理系统 [J]．中国给水排水，2017，33（18）：115-119．

[78] 闫国帅．超声波流量计在天然气计量中的故障诊断研究 [J]．工业计量，2018，28（1）：17-20．

[79] 丁延鹏，祝宝利，韩海彬．乍喀原油管道的计量交接模式 [J]．油气储运，2017，36（5）：537-542．

[80] Nourian.R，Mousavi M. Show more design and implementation of an expert system for periodic and emergency control under uncertainty：A case study of city gate stations[J]. Journal of Natural Gas Science and Engineering. 2019，66（4）：306-315．

[81] Rocha H R D O, Silva J A L, Souza J C S D, et al. Fast and Flexible Design of Optimal Metering Systems for Power Systems Monitoring[J]. Journal of Control Automation & Electrical Systems，2018，29（2）：209-218．

[82] 万金峰．基于自控专业设计的罐区自动化及仪表选型研究 [D]．北京：北京化工大学，2015．

[83] 缪伟华．伺服电子密度计混合式储罐自动计量系统的应用 [J]．石油库与加油站，2018，27（4）：6，30-32．

[84] 张华莎．石油化工罐区自动控制系统和生产管理系统 [J]．石油化工自动化，2016，52（1）：7-14．

[85] 张相胜，陆书燕，潘丰．蚁群算法在油库发油 PID 控制中的应用 [J]．测

控技术，2019，38（2）：61–64.

[86] 郭波，邹丽梅，钱学毅. 基于模型仿真技术的 PID 参数整定优化 [J]. 制造业自动化，2015，37（15）：22–24.

[87] 沈春娟. 基于自适应蚁群算法的 PID 控制器设计 [J]. 仪表技术与传感器，2016（12）：126–128，156.

[88] 孔令仁，卢继霞，苏子龙，等. 基于滤膜堵塞型的油液污染检测系统的设计 [J]. 润滑与密封，2017，42（3）：107–110.

[89] 耿传贵，刘伍三，聂中文，等. 天然气在线自动取样系统的设计及应用 [J]. 仪器仪表用户，2015，22（3）：98–100.

[90] 张剑峰，马希直，张优云. 智能油品质量在线监测仪的研制 [J]. 仪器仪表学报，2003（5）：528–529，532.

[91] 郑江涛，卜雄洙，黄仙锦. 油品质量在线监测系统设计 [J]. 仪表技术，2014（10）：22–23，26.

[92] 郭仁宇，尹必玉. 基于物联网技术的"智能消防"建设探索 [J]. 上海公安高等专科学校学报，2017，27（3）：44–53.

[93] 才建，张海潮. 中缅管道原油罐区投产与运行的关键问题 [J]. 油气储运，2017，36（10）：1212–1216.

[94] 张扬. 中缅油气管道（云南段）消防安全调研分析及火灾预防措施 [J]. 消防技术与产品信息，2016，16（9）：87–89.

[95] 张海峰，蔡永军，李柏松，等. 智慧管道站场设备状态监测关键技术 [J]. 油气储运，2018，37（8）：841–849.

[96] 吕银华，车辉，樊玉琦，等. 基于物联网的智能消防预警系统的实现 [J]. 消防科学与技术，2018，37（11）：1548–1551.

[97] 周宁，马臣信，王宇飞，等. 基于 GIS 的大型储备油库事故应急救援决策系统 [J]. 消防科学与技术，2017，36（3）：370–373.

[98] 赖波，张杰，王晏，等. 基于智能监控的天然气场站火灾防控系统 [J].

消防科学与技术，2018，37（10）：1388–1390.

[99] Zhang Y，Zhang Ming，Qian C. System dynamics analysis for petrochemical enterprise fire safety system[J]. Procedia Engineering，2018，29（211）：1034–1042.

[100] Zheng F，Zhang G，Song M，et al. Analysis on risk of multi–factor disaster and disaster control in oil and gas storage tank[J]. Procedia Engineering，2018，29（211）：1058–1064.

[101] Khakzad N，Landucci G，Reniers G. Application of dynamic Bayesian network to performance assessment of fire protection systems during domino effects[J]. Reliability Engineering & System Safety，2017，101（167）：232–247.

[102] Khakzad N，Landucci G，Cozzani V，et al. Cost–effective fire protection of chemical plants against domino effects[J]. Reliability Engineering & System Safety. 2018，01（169）：412–421.

[103] 李云涛，陈旭芳，帅健. 基于 FERC 模型的油品流淌火灾定量风险评估方法研究 [J]. 中国安全生产科学技术，2019，15（3）：104–108.

[104] 赫永恒，朱国庆，张国维. 三维 GIS 智慧消防可视化平台设计与实现 [J]. 消防科学与技术，2018，37（10）：1390–1393.

[105] 江奎东，毛占利，陈浩楠，等. 基于蚁群算法的烟气中人员疏散路径选择优化 [J]. 中国安全生产科学技术，2018，14（11）：133–137.

[106] 刘毅，沈斐敏. 考虑灾害实时扩散的室内火灾疏散路径选择模型 [J]. 控制与决策，2018，33（9）：1598–1604.

[107] 张鸿鹤，张苗，宋文华. 基于火灾场景的化纤企业消防系统应急处置能力计算与分析 [J]. 南开大学学报（自然科学版），2018，51（5）：99–111.

[108] 汪赟，魏峻山，李宪同，等. 国内外环境噪声监测方法比较及启示 [J].

中国环境监测，2018，194（4）：155-159.

[109] 宋素合，徐丽，唐玮．油气田开发项目噪声危害的职业防护分析 [J].
油气田环境保护，2018，28（3）：4.

[110] 李桃河．输油站厂界噪声测量结果的不确定度评定 [J]. 安全、健康和
环境，2014，14（9）：21-24.

[111] 刘肃平，谭志平．基于大数据的辅机设备振动噪声监测分析平台 [J].
计算机工程与应用，2018，54（22）：263-269.

[112] 彭帆．基于大数据建模的城市噪声地图研制方法与案例研究 [D]. 北京：
清华大学，2016.

[113] 丁月清，刘翠红，杨建华，等．面向智慧城市的分布式噪声管理系统
设计 [J]. 环境监测管理与技术，2018，15（6）：65-68.

[114] 孟小峰，慈祥．大数据管理：概念技术与挑战 [J]. 计算机研究与发展，
2013，12（1）：146-69.

[115] 刘翠伟，李玉星，李雪洁，等．基于 CFD 模拟的输气管道阀门流噪声
仿真 [J]. 油气储运，2012，31（9）：657-662.

[116] Jorge Castroa, Raciel Yera, Luis Martínez. A fuzzy approach for natural
noise management in group recommender systems[J]. Expert Systems With
Applications，2018，94（23）：237-249.

[117] Penghua, YuLanfen Lin, Yuangang Yao. A novel framework to process the
quantity and quality of user behavior data in recommender systems[J]. Web-
Age Information Management，PT I，2016，9658（156）：231-243.

[118] Jian Kang. Noise management：soundscape approach[J]. Reference Module
in Earth Systems and Environmental Sciences，2017，23（56）：174-
184.

[119] 李薇．支持向量机与舰船辐射噪声的分类 [J]. 舰船科学技术，2017，
12（6X）：19-21.

[120] 庄雪吟，张力，翁晓奇，等.复杂装备状态监测实时流数据处理框架 [J].计算机集成制造系统，2013，19（12）：2929-2938.

[121] 陈美岐.海外石油工程建设项目区域化管理的创新与实践 [J].化工管理，2014（33）：196.

[122] 刘珊，尉郭晨.计算机网络通信安全中数据加密技术的运用 [J].计算机产品与流通，2019（6）：37.

[123] 汪增彬.推进站场区域化管理模式走高质量发展之路 [J].中国石油企业，2018（10）：84-86.

[124] 黄冬冬.天然气无人值守站远程监控终端的设计与实现 [D].成都：西南交通大学，2015.

[125] 刘猛，刘晓峰，谭剑，等.长输管道站场区域化管理的创新与实践研究 [J].化工管理，2017（20）：153.

[126] 李超男，孙俊香.油气管道区域化管理模式下的站场通信方案 [J].化工管理，2017（33），178.

[127] 高津汉.天然气管道无人化站场的理念及设计要点 [J].石化技术，2019，26（1）：169-170.

[128] 池洪建.长输油气管网区域化管理探讨 [J].国际石油经济，2013，21（8）：80-83，110.

[129] 王学军，陈怡静，余志峰，等.中缅油气管道工程建设难点与创新设计 [J].油气储运，2014，33（10）：1039-1046.

[130] Wen Xiao, Xiaosu Yi, Feng Pan, et al. Chapter 2-Acoustic, electromagnetic and optical sensing and monitoring methods [M]. Cambridge: Academic Press, 2018: 43-139.

[131] 周兆明，张佳，杨克龙，等.输气管道泄漏检测技术发展及适应性 [J].油气田地面工程，2019，38（1）：7-12.

[132] Juan Li, Qiang Zheng, Zhihong Qian, et al. A novel location algorithm

for pipeline leakage based on the attenuation of negative pressure wave [J]. Process Safety and Environmental Protection，2019，10（4）：309–316.

[133] Qiang Chen，Guodong Shen，JunCheng Jiang，et al. Effect of rubber washers on leak location for assembled pressurized liquid pipeline based on negative pressure wave method [J]. Process Safety and Environmental Protection，2018，48（3）：181–190.

[134] Wenqing Lu，Wei Liang，Laibin Zhang，et al. A novel noise reduction method applied in negative pressure wave for pipeline leakage localization [J]. Process Safety and Environmental Protection，2016，2（7）：142–149.

[135] Yavuz Ege，Mustafa Coramik. A new measurement system using magnetic flux leakage method in pipeline inspection [J]. Measurement，2018，69（1）：163–174.

[136] Liang Ren，Tao Jiang，Zi–guang Jia，et al. Pipeline corrosion and leakage monitoring based on the distributed optical fiber sensing technology [J]. Measurement，2018，62（27）：57–65.

[137] Cuiwei Liu，Yuxing Li，Minghai Xu. Integrated detection and location model for leakages in liquid pipelines [J]. Journal of Petroleum Science and Engineering，2019，86（29）：852–867.

[138] 李文杰 . 基于低频声波和负压波的管道泄漏监测系统 [J]. 油气田地面工程，2014（1）：90–91.

[139] 赵毅，钟荣强，邓志彬 . 管道带压堵漏技术及其在油库中的应用 [J]. 管道技术与设备，2010（3）：38–40.

[140] 闫杰，常征，孟烨，等 . 磁力组合式管道带压堵漏器的研制与应用 [J]. 油气储运，2016，35（11）：1247–1249.

[141] 胡安鑫，李良均，陈仕清，等 . 中缅油气管道怒江悬索跨越设计 [J]. 油气储运，2016，35（6）：653–656.

[142] 安伟，王永刚，王新怡，等．中国近海海上溢油预测与应急决策支持系统研发 [J].海洋科学，2010，34（11）：78-83.

[143] 李欢，邵伟增，李程，等．溢油扩展、漂移及扩散预测技术研究进展 [J].海洋通报，2017（4）：22-27.

[144] Payam Amir-Heidari，Mohammad Raie. Probabilistic risk assessment of oil spill from offshore oil wells in Persian Gulf [J]. Marine Pollution Bulletin，2018，29（2）：291-299.

[145] Payam Amir-Heidari，Lars Arneborg，J. Fredrik Lindgren，et al. A case study of oil spill from a shipwreck [J]. Environment International，2019，23（4）：309-320.

[146] 赵晓东，昃旭日，张泰丽，基于 GIS 的潜势度地质灾害预警预报模型研究——以浙江省温州市为例 [J].地理与地理信息科学，2018，34（5）：7-12.

[147] 刘传正，刘艳辉，温铭生，等．中国地质灾害区域预警方法与应用 [J].工程地质学报，2012，22（6）：288-288.

[148] 白路遥，李亮亮，施宁，等．卫星遥感技术在管道地质灾害识别与监测的应用 [J].油气储运，2019，32（7）：1-6.

[149] 尚玉杰，王殿龙，闫生栋，等．横向滑坡作用下埋地管道力学响应分析 [J].安全与环境工程，2019，26（1）：155-161.

[150] 张常亮，李同录，李萍．三维滑坡推力计算方法探讨 [J].工程地质学报，2011，19（2）：162-167，283.

[151] 龙驭球．弹性地基梁的计算 [M].北京：高等教育出版社，1989.

[152] 李睿，蔡茂林，董鹏，等．地震区油气管道的应变与位移检测技术 [J].油气储运，2019，38（1）：40-49.

[153] 王文明，陈钱荣，于达，等．中缅管道隧道坍塌工况下的管段应力应变分析 [J].中国科技论文，2016，33（21）：28-36.

[154] 黄建忠，杨永和，刘伟，等．穿越地震断裂带的管道安全监测预警系统 [J]. 天然气工业，2013，33（12）：94-99.

[155] 迟延光，白清，王宇，等．管道应力危害 BOTDR 分布式光纤检测系统 [J]. 传感技术学报，2018，31（11）：1775-1780.

[156] Ying L，Wu L. Geological disaster recognition on optical remote sensing images using deep learning [J]. Procedia Computer Science，2016，91（11）：566-575.

[157] Ying Liu，Linzhi Wu. High performance geological disaster recognition using deep learning [J]. Procedia Computer Science，2018，139（7）：529-536.

[158] 冼国栋，吴森，潘国耀，等．油气管道滑坡灾害危险性评价指标体系 [J]. 油气储运，2018，37（8）：865-872.

[159] 李士波．电气及自控仪表在天然气工程项目的应用分析 [J]. 内燃机与配件，2018（14）：212-214.

[160] 罗砚．基于大数据的信息系统运维智能化研究 [J]. 邮电设计技术，2018（3）：79-82.

[161] 农剑．光纤有线通讯技术在现代通信工程中的应用 [J]. 电子技术与软件工程，2017（14）：24.

[162] 张翰英，胡其正．卫星电测技术 [M]. 北京：中国宇航出版社，2009：450-452.

[163] 张祖进，于伟．天然气管道领域的电气仪表智能化研究 [J]. 化工设计通讯，2018，44（6）：130.

[164] 苏秋红．智能传感器、现场总线与 FCS[J]. 科技与企业，2012（15）：131-135.

[165] 曲宇峰．移动无线通信技术智能化发展趋势探讨 [J]. 中国新通信，2019，21（6）：29.

[166] 黄纯洁. 有线通信技术现状及发展趋势探索 [J]. 信息通信，2018（7）：242-243.

[167] 王莹，牛晓妍，王建敏，等. 无线通信技术的现状与发展 [J]. 农家参谋，2019（8）：162.

[168] 张建. 关于有线通信的光纤接入网技术及应用分析 [J]. 通讯世界，2018（10）：54-55.

[169] 王越，黄毅. 我国通信网络的智能化建设和安全管理 [J]. 价值工程，2014，33（22）：203-204.